名质塔内件 苏州科迪见

U0352480

KD 苏州市科迪石化工程有限公司

地址:苏州市吴中区中大道988号
邮编:215105
电话:0512-65288585 65255532
传真:0512-65282111
信箱:szkd@kdtc.sina.net szk999@126.com

北京办事处

地址:北京市朝阳区安立路56号九台2000家园2号楼14层
电话:010-84801541

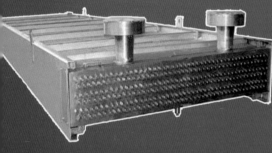

业界领先，服务本土

福斯公司（Flowserve）作为世界领先的流体设备及服务供应商，总部设于美国德克萨斯州，为全球电力、石油、天然气、化工等行业提供泵、阀、密封、自动化控制及服务。在全球 50 多个国家共有超过 15000 名员工，年销售额超过 40 亿美元。其产品因其卓越的性能和出色的配套服务被世界各地的重大项目采用。

福斯制造的超过百万台泵运用于全球各种工业领域。DSJH 型双吸流程泵是一款卧式、径向剖分式、双蜗壳、单级、双吸、双列轴承、中心线支撑的重型泵。由福斯生产的这款泵适合在各种不同负荷和温度条件下的连续和间歇运行而完全不会出现日常停机故障。这款 DSHF 型泵的设计完全符合 API 610 标准第十版的要求。

福斯—您值得信赖的合作伙伴

上海浦东金桥开发区桂桥路255号金桥创科园B幢
邮编：201206　电话：(86 21) 3865 4800　传真：(86 21) 5081 1781

DSJH 型双吸流程泵

设计特点

● 中心线式安装，从而在温度波动条件下保持轴系对中。
● 双蜗壳设计，在一切运行条件下实现径向力平衡。
● 整体式法兰进出口管嘴设计，可设计在不同的部位以满足各种管路布置要求：
  - 顶进，顶出
  - 顶进，下出
  - 下进，下出

M 北京君泰和系统控制技术有限公司

Beijing Gentlehill System Control Technology Co.,Ltd

2013年12月27日，中国石化"十条龙"科技攻关项目海南炼化60万吨/年对二甲苯（PX）生产装置一次性投产成功，产品纯度达到99.8%，标志着我国首套国产化芳烃成套技术大型工业化装置研发成功，打破了国外公司在全球的垄断局面。

北京君泰和系统控制技术有限公司作为该装置核心控制系统（模拟移动床吸附分离及阀门控制系统）的研发及实施者，在国外对我国进行技术封锁的情况下，在中国石化集团相关协作单位大力支持、配合下，经过十几个月攻关，逐一解决了异常复杂工艺流程中出现的各种难题，攻克了国际两大工艺专利商垄断了几十年的控制系统核心技术壁垒，保证了装置的顺利投产。目前该控制系统已平稳运行一万多个生产周期，各项生产指标良好，尤以塔压控制特别突出，优于国外工艺专利商的控制系统。

北京君泰和系统控制技术有限公司为转阀工艺及多阀工艺两种工业化芳烃项目模拟移动床吸附分离装置提供过核心控制系统，我公司与国内主流芳烃工艺专利商保持着良好密切的合作关系。

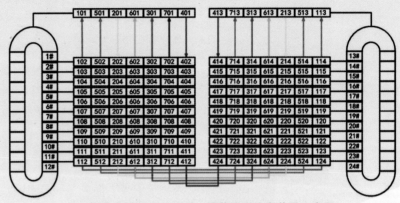

中石化海南炼化分公司对二甲苯吸附分离装置示意图

电话: 010-88458811/22　　**网址:** www.gentlehill.com
地址: 北京市海淀区远大路1号金源时代商务中心A座11A

炼化装置设备
前期技术管理与实践

王玉冰 章 文 周 辉 编著

中国石化出版社

内 容 提 要

《炼化装置设备前期技术管理与实践》介绍了包括设备选型、设备规划、出厂检验和设备安装、调试、试运行等设备前期技术管理的经验；结合首套国产化对二甲苯项目的特点，重点介绍了其中的热水发电机组、大型板换、大型加热炉和大型调速风机等主要设备的决策、选型、配置、试验、调试和试运行；针对主要设备在设计、制造、安装和开车过程中一系列问题的解决，进行了全面的分析；针对安装和试运行中出现的问题，提出了合理的解决方案；针对装置目前仍然存在的一些共性问题，提出了相应的改进意见。

本书内容相当全面，案例非常丰富，对新建炼化项目的设备前期技术管理具有很高的参考价值和借鉴意义，帮助决策人员和设备管理人员了解大型炼化项目设备前期技术管理的全过程，提高对开车过程中出现问题的分析能力和解决能力。

本书可供炼化企业的管理人员、设备技术人员以及从事设备维护的一线工程技术人员阅读。

图书在版编目(CIP)数据

炼化装置设备前期技术管理与实践／王玉冰,章文,周辉编著.—北京:中国石化出版社,2015.2
ISBN 978-7-5114-3164-6

Ⅰ.①炼… Ⅱ.①王…②章…③周… Ⅲ.①石油炼制-化工设备-设备管理 Ⅳ.①TE682

中国版本图书馆 CIP 数据核字(2015)第 011560 号

中国石化出版社出版发行

地址:北京市东城区安定门外大街 58 号
邮编:100011 电话:(010)84271850
读者服务部电话:(010)84289974
http://www.sinopec-press.com
E-mail:press@sinopec.com
北京富泰印刷有限责任公司印刷
全国各地新华书店经销

*

787×1092 毫米 16 开本 8.5 印张 4 彩页 169 千字
2015 年 3 月第 1 版 2015 年 3 月第 1 次印刷
定价:30.00 元

勇于创新，打破垄断，实现芳烃成套技术的国产化

——序

　　由周辉同志执笔编写的《炼化装置设备前期技术管理与实践》一书即将与读者见面了，我在此表示诚挚的祝贺！我们常说机会总是留给有准备的人，作者就是中国石化这样一名杰出代表。俗话说，根深才能叶茂、厚积才能薄发，该书贴合实际、来自于生产一线，书中所列举的一个个生动丰富、内容翔实的案例得益于作者多年工作的点滴积累，也是作者平时对待工作踏踏实实、兢兢业业的真实写照，书中有平时工作的经验总结，有对各类标准的娴熟应用，有很强的逻辑分析推理能力，有发现问题的极强洞察力，有对突发问题的果敢决断力。可以看出作者有扎实的理论基础，有丰富的现场经验、有分析问题的清晰思路和有解决问题的高超智慧。

　　芳烃和乙烯是石油化工的两大分支，是衡量一个国家石化工业生产能力的重要标志。此前，中国作为世界对二甲苯第一消费大国，却没有自己的成套技术。芳烃成套技术国产化是中国石化行业的领导专家和几代石化人的梦想，中石化加大科研投入，培育自主创新能力，开发具有自主知识产权的核心技术，在成功开发乙烯系列技术的同时，先后成功开发了芳烃成套技术中的铂重整、歧化、异构化和二甲苯分馏等芳烃生产技术，而吸附分离成为芳烃成套技术的最后堡垒。海南炼化60万吨/年对二甲苯项目于2012年12月列入中国石化"十二五"国产化"十条龙"攻关项目，经过两年多的施工建设，于2013年12月15日装置一次开车成功，生产出合格产品。该项目完全采用中国石化自主研发的吸附分离工艺技术，实现了芳烃成套技术的全部国产化，打破了国外专利商的垄断，海南炼化60万吨/年对二甲苯项目一次开车成功，成为继美国UOP、法国IFP之后，全球第三家拥有芳烃生产技术的世界一流的芳烃技术提供商及生产制造商。可喜可贺！

《炼化装置设备前期技术管理与实践》一书，对首套国产化对二甲苯项目的前期技术上的管理进行了系统全面的总结，全书逻辑严谨、论述清晰、文字流畅，关键问题分析到位，技术措施可靠有效，使工程中遇到的问题得到了真正的解决。作者把这些经验收集并系统整理，并毫无保留地奉献给广大读者和从事相关工作的工程技术人员，对今后的工作具有重要的现实意义，我对作者的良苦用心和职业素养表示深深的敬意！

　　是为序。

中国振动工程学会常务理事
故障诊断专业委员会副主任委员　　史铁林
华中科技大学机械科学与工程学院常务副院长

前　　言

中国石化海南炼油化工有限公司(简称海南炼化,下同)60万吨/年对二甲苯项目,是中国石化"十二五"国产化"十条龙"攻关项目之一,是国内首套具有完全自主知识产权的大型对二甲苯项目首次工业应用。为了提高产品竞争力,降低投资成本,促进国产化技术的发展,中国石化总部决定,海南炼化60万吨/年对二甲苯项目所有工艺技术全部采用国产化技术。该项目在国产化、大型化、精细化、集成化等领域取得多项突破,完全采用中国石化自主知识产权的专利技术,完全依靠中国石化自有建设施工管理技术,采用中国石化自主研发的吸附分离工艺技术、吸附分离吸附剂及异构化催化剂、临氢/固定床甲苯歧化和烷基转移工艺技术及其新型催化剂,依托国内大型和关键设备制造技术及装备,重点攻关吸附剂及格栅的大型工业化开发应用、大型高压热集合精馏塔工艺设计及制造、低压蒸汽发电、低温热水发电等领域,实现了超$10000m^2$大型焊接板壳换热器、吸附分离工艺控制系统(MCS)以及DCS计算机控制系统的中国自行设计和自主制造。其中,由中国石化自主制造的二甲苯塔重4035t、长126.6m,筒体内直径最大为11.8m,超大、超厚和超重,打破了国内同类装置的设备制造加工纪录,而且,后续大量项目的陆续建设必将为我国的装备制造业提供前所未有的广阔机遇,也将使我国装备制造业的发展步入快车道。

该项目在公司董事长、总经理王玉冰的亲自关怀和指挥下,于2011年5月正式破土动工,2013年12月15日装置建成并产出合格产品,2013年12月27日贯通全流程,装置开车一次成功。

终究有一天,我们会老去,成为一把尘土,但起码你的书,还可以给后人留个念想。美国社会预测学家约翰·奈斯比特(John Naisbitt)在他的著作《大趋势·改变我们生活的十个新方向》中有这样一段叙述:"知识与宇宙中的其他能量不一样,它不适用于守恒定律,知识可以被创造出来,可以被毁掉,而最重要的是它有合作增强的作用,也就是说,整体的值要大于各部分的和。"

基于这个想法，本书把中国石化首套对二甲苯项目的设备前期技术管理的全过程发生的、分散的一些重要事件通过收集、整理、归纳，编写了该项目中关于项目设备的前期技术管理中的一些好的经验和做法，书中结合了一个个具体生动的案例，重点对压缩机组调试和试运行中遇到的问题以及如何解决的，进行了全面系统的分析和总结。

　　尽管本书是针对首套国产化对二甲苯项目进行编写的，对该项目的设备前期技术与管理进行了系统总结，但书中所描述的内容，包括一些案例分析也适合于其他炼化项目，具有较高的借鉴意义和参考价值。

　　这本书的出版，炼化企业的同仁从中哪怕有一点点的收获和启发，笔者就甚感欣慰。谨整理此书，供大家讨论指正，达到共同提高、共同进步的目的。

　　本书在编写过程中，得到了中国石化集团公司工程部设备专家姜瑞文、中国石化天津分公司设备专家钱广华等的鼎力帮助和指导，在此一并表示衷心感谢！

　　由于自身理解和水平有限，文中不免存在一些商榷之处，加之时间仓促，篇幅有限，还有许多好的经验未及收录，甚为憾！期望再版时改正、补充。

目　录

第1章　设备前期技术管理的意义 ……………………………………………（1）

　1　项目背景 ………………………………………………………………（1）

　2　设备前期技术管理的意义 ……………………………………………（7）

第2章　设备前期技术管理的内容 …………………………………………（8）

　1　设备前期规划 …………………………………………………………（8）

　2　设备设计、选型、配置的原则和依据 ………………………………（8）

　3　合同生效后的中间审查、沟通 ………………………………………（30）

　4　设备制造、出厂检验和试验 …………………………………………（31）

　5　设备防腐油漆、包装及运输 …………………………………………（32）

　6　设备现场开箱和检验 …………………………………………………（33）

　7　设备安装、调试和试运行 ……………………………………………（33）

第3章　设备前期技术管理的完善与提高 …………………………………（39）

　1　透明管理 ………………………………………………………………（39）

　2　规范管理 ………………………………………………………………（39）

　3　团队合作 ………………………………………………………………（40）

　4　项目管理和专业管理的分工与协作 …………………………………（40）

　5　应用先进的项目管理工具和软件 ……………………………………（40）

　6　项目管理关键人员的招聘 ……………………………………………（41）

　7　开车程序的执行 ………………………………………………………（41）

第4章　案例与分析 …………………………………………………………（43）

　【案例1】　异构化压缩机组（102-K-701） …………………………（43）

　【案例2】　低压蒸汽发电机组（102-K-751） ………………………（65）

　【案例3】　歧化往复压缩机轴头泵损坏原因及处理 ………………（89）

　【案例4】　永磁调速风机振动高和噪音大的原因分析 ………………（92）

　【案例5】　磁力泵轴承故障及改进 …………………………………（100）

　【案例6】　多级泵设计存在的问题及改进 …………………………（104）

　【案例7】　大流量高温泵对中存在的问题及改进建议 ……………（107）

　【案例8】　大直径单级泵设计应注意的问题 ………………………（111）

第 5 章　问题与改进 ·· (115)

   1　泵用机械密封的缓冲液罐泄漏介质放火炬 ·········· (115)

   2　机泵密封冷却水系统 ···································· (116)

   3　磁力泵的选用 ·· (116)

   4　二甲苯塔筒体新材料的开发与使用 ··············· (117)

   5　二甲苯塔高性能塔盘的开发 ························· (117)

   6　往复压缩机电机设计无底板 ························· (117)

   7　压缩机组的轴承油烟排放 ···························· (118)

   8　全焊接板式湿空冷 ···································· (118)

   9　双管板蒸汽发生器 ···································· (119)

  10　加热炉 F-801 的温度场的优化 ··················· (119)

  11　采样器盘管腐蚀穿孔 ································ (119)

  12　卡琳娜技术热水发电冷却器布置 ················· (120)

  13　正确选用转动设备进、出口管线支吊架 ·········· (121)

  14　两级板式湿空冷器冷却方案的选择 ··············· (121)

  15　机组主、备用设备切换换向阀选择 ··············· (122)

参考文献 ·· (124)

后记 ·· (125)

第1章　设备前期技术管理的意义

1　项目背景

中国石化海南炼油化工有限公司(以下简称海南炼化)60万吨/年对二甲苯项目是中国石化集团公司2011年的重点工程建设项目。对二甲苯装置的生产目的是利用重整生成液中的混二甲苯和C7A来最大限度地(利用甲苯歧化和烷基转移、二甲苯异构化等化学反应)生产高纯度的对二甲苯。其中,如何在混二甲苯中分离得到对二甲苯是该技术的关键问题所在。C_8芳烃共有四种异构体,它们分别是对二甲苯(PX)、邻二甲苯(OX)、间二甲苯(MX)和乙基苯(EB),这四种异构体的物性相似,沸点相差很小,采用常规的精馏方法难以达到分离的目的,必须选择一种特殊的分离工艺,工业上主要有深冷结晶法、络合分离法、吸附分离法,其次还有共晶、磺化等方法。该项目采用的是吸附分离法,利用吸附剂对混二甲苯四种异构体具有不同的吸附能力、优先吸附对二甲苯的性能,然后利用解吸剂将吸附剂上的对二甲苯解吸下来,再通过精馏获得高纯度的对二甲苯产品。

本项目由60万吨/年芳烃抽提装置、90万吨/年歧化及烷基转移装置、385万吨/年二甲苯精馏装置、327万吨/年吸附分离装置、266万吨/年异构化装置、联合装置控制室和储运系统、热工系统、给排水系统等联合装置公用工程部分组成,产品为60万吨/年对二甲苯,并具备联产10万吨/年邻二甲苯的能力。产品关系如图1-1所示。

项目以现有800万吨/年(已改造为920万吨/年)炼油装置中的120万吨/年(已改造为144万吨/年)重整装置提供的C_{6+}重整生成油和少量外购混合二甲苯为原料,主要生产对二甲苯、邻二甲苯和苯产品,同时副产高辛烷值汽油调和组分和抽余油($C_6 \sim C_7$非芳烃)等。

为了进一步提高对二甲苯项目的竞争力,节约运行成本,降低投资成本,促进国产化技术及设备制造业的发展,把对二甲苯项目建成具有国际竞争力的一流装置,2010年8月6日,中国石化总部决定,海南炼化60万吨/年对二甲苯项目所有工艺技术全部采用国产化技术。该项目是中国石化"十条"龙攻关项目之一,是国内首套具有完全自主知识产权的大型对二甲苯项目首次工业设计应用。

该项目除了核心技术吸附分离工艺、吸附分离吸附剂、核心设备如吸附塔格栅、吸附剂、模拟移动床控制系统(MCS)外,装置其他重要设备如二甲苯精馏塔塔盘、DCS、泵送、压送阀等也首次在该项目上进行国产。

催化剂是石油化工的核心技术,每一次催化剂技术的进步与创新都推动着石化工艺技

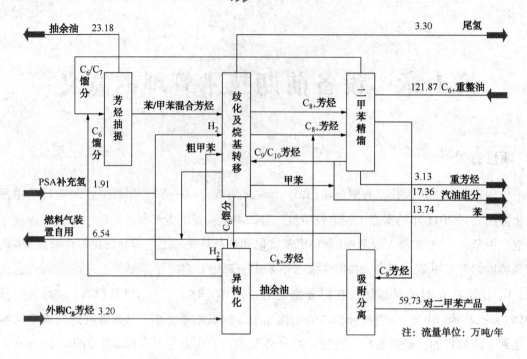

图 1-1　对二甲苯产品关系图

术的不断前进和重大变革。吸附分离吸附剂是吸附分离工艺的心脏，处于整套装置的核心位置，它的性能好坏直接影响到项目的成败。该吸附分离吸附剂首先在扬子石化装置上进行 RAX-3000 型吸附剂的工业应用试验，与中国石化催化剂分公司于 2010 年 11 月开始组织吸附剂的放大生产，从分子筛原粉合成，到基质小球成型、焙烧，直至完成后处理产出成品剂，对各个生产环节实施精细管理，严格控制，确保了工业生产吸附剂的产品质量，并提前完成了吸附剂的生产和评价任务，为 RAX-3000 型吸附剂首次在大型工业装置的顺利成功应用奠定了坚实的基础。

吸附分离塔的格栅是该项目的核心设备、设计难度大、技术含量高。为打破美国 UOP 和法国 IFP 对吸附分离技术的垄断地位，降低昂贵的吸附塔内构件专利使用费，成立了项目联合开发组，对吸附塔格栅等内构件核心工程技术进行联合攻关，采用 CFD 模拟计算与冷模试验相结合的方法进行格栅的研究，成功开发了具有自主知识产权的吸附塔格栅，如图 1-2 所示。因吸附塔直径大(ϕ8000)，每层格栅采用扇形分块，一共 24 等份，如图 1-3 所示。格栅边框承担支撑格栅的功能，格栅头尾两端搭接在吸附塔中心管及塔壁的支撑圈上实现支撑密封，格栅由国内公司生产制造，首次成功实现了大型工业装置吸附分离格栅的设计和制造的国产化。

作为装置的控制核心——模拟移动床控制系统(MCS)，研发的难点是必须适应各种复杂的工况：对二甲苯和对二乙基苯解析剂，两种不同的物料、多种操作方案、多个控制回路的参数整定、168 台程控阀各不相同的容错特性以及向外冲洗、分时冲洗、切除冲洗等国外没有的技术特点，每一种方案都会影响到其他程序逻辑的设计，系统极其复杂。多方合作，共同开发吸附分离对二甲苯的模拟移动床新工艺，在扬子石化建设对二甲苯吸附分离工业示范装置成功应用，在扬子石化 MCS 成功应用的基础上，大型工业化装置海南炼化 60万吨/年对二甲苯项目的 MCS 也得到非常成功的应用。

图 1-2　吸附塔格栅

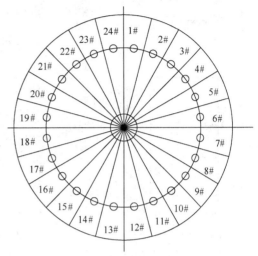

图 1-3　吸附塔格栅扇形分块

二甲苯塔盘首次采用国内设计和制造的导向浮阀塔盘，四溢流管结构型式，代替原来长期依赖于国外 UOP 公司设计进口的 MD 多降液管塔盘。国内设计制造的条形导向浮阀如图 1-4 所示。由于塔体直径大，而且下降的液体量大，塔盘的支撑采用格构化的桁架梁结构，如图 1-5 所示。

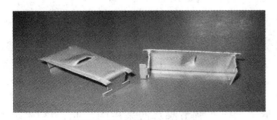

图 1-4　条形导向浮阀

图 1-5　格构化的桁架梁结构

二甲苯塔筒体是同类装置中直径最大和高度最高的塔，如图 1-6 所示。受大件运输的管理办法等规定，二甲苯塔筒体不可能整体出厂，只能在制造厂分段制造，海运出厂，现场吊装组对并焊接及热处理和现场筒体的水压试验，这是整个项目制造和现场安装周期最

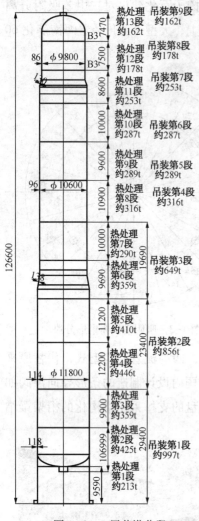

图 1-6 二甲苯塔分段
预制和现场吊装图

长的设备。综合考虑运输、吊装和筒节的现场焊接，最后确定的方案是筒体在制造厂分13段制造、分别热处理并适当组对，最后分9段运抵装置现场，吊装后现场进行组对焊接。塔筒节在制造厂的热处理采用热处理炉采用天燃气加温，采用的焊接方法是：分段环缝里口采用窄间隙 MAG 自动焊工艺，上、下坡口间距保证在 18~22mm，外口采用实芯焊丝气体保护焊 GMAW 进行焊接，制造厂分段制造后分段运抵装置现场。为了加快进度和节省时间，塔筒节间的焊接在制造厂和装置现场两地同时进行。装置现场筒节的组对焊接、环焊缝热处理则采用电加热片，内外加热、内外保温的方式。该塔的制造厂筒节的分段制作和现场组对焊接及热处理工作均由国内机械制造厂独立完成。

对加热炉的设计和配置进行了高度整合和优化，加热炉的设计热负荷随之加大，由原来的多炉独立设计整合为目前的两炉一烟囱，实现了单体加热炉的大型化，为国内炼油装置目前单体热负荷最大的加热炉，减少了热损失，提高了加热炉的燃烧效率。本项目二甲苯塔重沸炉 102-F-801 是装置的热源中心，也是装置的核心设备之一，采用单辐射室、单对流室的立式炉炉型，正常工况时工艺介质的热负荷为 162.231MW，过热蒸汽的热负荷为 4.56MW。工艺介质分 20 管程，先经对流室，再进入辐射室加热至所需温度。加热炉采用分片/模块设计，制造厂深度预制，现场安装与现场制造相结

合的模式。其中辐射室(钢结构、管系等)制造厂分片制造，对流室(钢结构、衬里、管系、管板、弯头箱等)为制造厂模块制造、现场安装，辐射转对流烟道、辐射室及辐射转对流烟道衬里、梯子平台等现场制造。分片/模块化的制造厂制造，确保了加热炉整体焊接质量，制造精度得到充分保证，大大缩短了现场施工周期，同类装置中热负荷最大的二甲苯塔重沸加热炉首次在大型工业装置得到成功应用。

连接两台吸附塔循环流动的关键控制阀-泵送、压送调节阀首次采用国产阀，该调节阀属于压力平衡型套筒调节阀。为了确保装置的安全运行可靠，设计上调节阀采用了一用一备。该阀套筒上装有高性能密封环，有效提高了泄漏等级，阀体的流体通道呈 S 流线形，还设有一个改善套筒周围流体平稳流动的导流翼，流通能力大，可调范围广，动态稳定性好。结构和实物如图 1-7 所示。

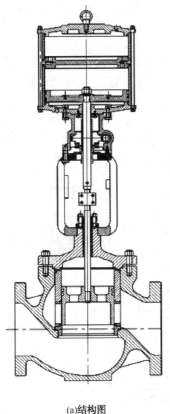

(a)结构图

(b)实物图

图1-7　国产泵送、压送调节阀

装置的DCS控制系统也是首次采用国产的DCS设备。

吸附分离吸附剂、吸附塔格栅和二甲苯塔筒体的制造等这些关键核心设备及模拟移动床控制系统(MCS)、DCS等控制系统的国产化,极大提升了我国石油化工行业设备国产化的技术水平,使我国石化行业的装备、控制系统的自主开发、设计和制造能力等向前迈了一大步。

项目核心技术除了采用中石化开发的自主知识产权的芳烃工艺技术外,还在清洁生产方面加大资金投入,采取多种措施,确保污油不落地、废气不上天、污水达标排放。

项目主要从以下几个方面着手:

(1) 地下防渗漏,污油不落地

为了保护地下水环境,防止埋地管道和储罐因腐蚀,导致介质泄漏,渗漏到地下,污染地下水体和土体。项目所有储罐的底部、排污管线的沟壁和沟底等采用防渗漏设计,使用防渗漏功能的防渗水泥进行隔离,品种为水泥基渗透结晶型防水涂料Ⅱ。

这样的防渗漏结构设计有以下优点:

一是施工简便,施工面积小,仅需在罐底、沟壁和沟侧即可,而橡胶防渗膜则需在整个罐区地面底进行铺设;

二是不存在橡胶防渗膜的老化问题,使用寿命长;

三是修补较为方便。

（2）高点通过油气回收系统，废气不上天

罐区顶部的低压排放气等设计了吸附法油气回收系统，所有低压排放气经处理合格后再排放大气，确保了芳烃装置大气达标排放、实现大气无异味。如图1-8所示。

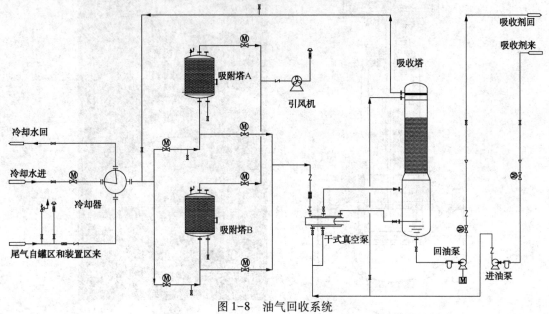

图1-8　油气回收系统

（3）低点全部密闭排放进入排污管道，污水集中处理，实现达标排放

对项目所有机泵、管道、调节阀、液位计和塔器设备等低点全部实施密闭排放措施。

（4）机泵轴封采用串联布置的机械密封，通过机泵机械密封的选型设计，有毒、有害工艺介质机泵全部采用串联布置机械密封，实现对大气的零泄漏

串联布置机械密封系统如图1-9所示。

（5）全部采样器采用密闭采样器（图1-10）

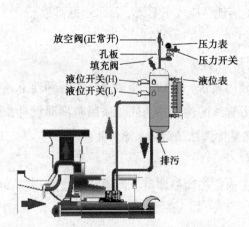

图1-9　API 682的plan52串联布置机械密封

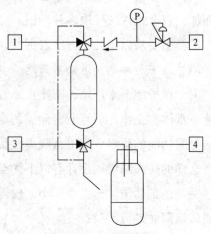

图1-10　密闭采样器

通过以上几点措施的实施，整个装置达到实现了清洁生产，保护环境的目的。

2 设备前期技术管理的意义

海南炼化 920 万吨/年炼油项目是中国石化在 21 世纪全新建设的，首次采用国际上通行的 EPC 总承包，工厂实现管理机构精简化、岗位职责复合化、辅助服务(检维修、仓储物流、交通运输、生活后勤等)社会化，工厂定员少，建厂之初不到 500 人。60 万吨/年对二甲苯项目主体装置沿用 920 万吨/年管理模式，采用"项目联合管理(IPMT)领导下的项目管理部+EPC+监理"管理模式，大型设备和主要设备全部实现国产化。因此，设备全寿命周期规范化的前期技术管理显得尤为重要。

(1) 设备全寿命周期规范化的前期技术管理是一个全过程各专业的综合管理

实现设备从规划、设计、选型、制造、安装试运行到投产阶段的全过程控制与管理，对提高设备技术水平和投资技术经济效果具有决定性的作用。前期技术管理阶段决定了设备的技术水平和系统功能，直接影响装置的生产效率。前期管理非常注重规划、设计、选型和采购等环节，减少先天不足的毛病，追求综合运行成本最低，实现项目最佳性价比。如图 1-11 所示。

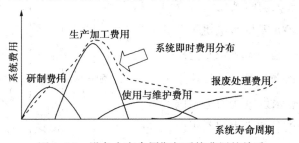

图 1-11 设备全寿命周期与系统费用的关系

(2) 设备前期技术管理的难度越来越大

随着装置规模的大型化，单体设备也越来越大，包括设备的规划决策、购置设备的选型、采购、设计和制造，设备的安装和调试，设备使用初期等的管理难度也加大，设备前期技术管理的内容几乎占整个设备管理全过程的一半。因此，重视和做好设备前期技术管理工作，不仅对设备部门，而且对装置的经济营运都是至关重要的。

(3) 设备前期技术管理的内容广泛

设备一生管理的循环过程，在生产运行之前，都属于设备前期管理的范畴。设备规划服从于装置总体规划，如本项目为达到节能降耗，充分回收装置低温余热，配套设置了自产低压蒸汽发电机组和热水发电机组。前期管理涉及从规划到试车验收如此之多的环节，它的内容之丰富有时甚至超过设备正常使用期的管理。

因此，好的前期设备管理，是项目成功的一半，可以实现以最小的投入，达到最佳的投资回报，大大减少使用期间出现的问题以及在此期间投入的资金。

第2章 设备前期技术管理的内容

1 设备前期规划

任何成功的项目都开始于早期的全寿命周期前期规划，设备的设计、选型等是决定项目投资规模和装置能否正常运行的关键阶段。如图 2-1 所示。尤其对于转动设备，其中的很多设备都是装置的核心设备，其质量好坏对整个项目成败起着至关重要的作用。如本项目中的 8 台进口大泵、4 台大型压缩机、3 台大型蒸汽透平等。具体包含 3.5MPa 中压蒸汽汽轮机驱动的异构化离心压缩机组 1 台、自产 0.4MPa 低压蒸汽驱动的歧化离心压缩机 1 台、6000kV/1100kW 同步电机驱动的往复式压缩机 2 台、自产 0.4MPa 低压蒸汽发电机组 1 台、回收利用 118℃ 热水采用卡琳娜技术低温热水发电而引进美国 ENERGENT 公司的氨气轮机发电机组 1 台等，共 6 台大型机组，国内最大的吸附分离循环泵等 8 台进口泵在内的 200 多台工艺流程泵，以及与大型加热炉配套的由液力耦合器调速的鼓、引风机各 2 台等。

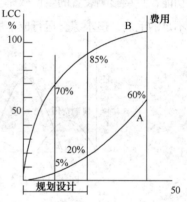

图 2-1 设备前期规划与全寿命周期的费用关系

总之，设备规划是设备前期管理遇到的首要问题，包括设备的结构、型式、配置以及驱动方式等，设备的选型和选择一定要遵循技术上先进、经济上合理、生产上实用的原则，要把设备对企业竞争能力的作用放到首要地位，同时还应兼顾企业节约能源、环境保护、安全和资金能力等各方面的因素进行统筹考虑，兼顾平衡。

2 设备设计、选型、配置的原则和依据

2.1 石油化工行业是一个高风险行业，有着自己的行业特点

一是石油化工生产中涉及物料危险性大，发生火灾、爆炸、群死群伤的事故几率非常高。

石油化工生产过程中所使用的原材料、辅助材料、半成品和成品，如原油、天然气、汽油、液态烃、乙烯和丙烯等，属于易燃、可燃物质，一旦泄漏，处置不及时，易形成爆炸性混合物发生燃烧、爆炸；许多物质是高毒或剧毒物质，如苯、甲苯、氰化钠、硫化氢、氯气等等，这些物质如处置不当或发生泄漏，容易导致人员伤亡；石化生产过程中还要使用产生强腐蚀性的酸、碱类物质，如硫酸、盐酸、烧碱等，设备、管线腐蚀出现问题的可能性高。

二是石油化工生产工艺技术复杂，运行条件苛刻，易出现突发性、灾难性事故。

石油化工生产过程中，需要经过很多物理、化学过程，传热、传质单元操作，过程控制条件异常苛刻，如高温、高压、低温、真空等，这些苛刻条件对石油化工生产设备的制造、维护提出了严格要求。

三是装置大型化、单体设备大，个别事故影响全局。

石油化工生产装置正朝着大型化方向发展，单系列、单套装置的加工处理能力不断扩大，单体设备大，自动化程度高，装置之间相互关联，物料互供关系密切，局部问题往往影响全局。

2.2 设备设计、选型、配置的原则和依据

近几年来，石油化工行业高温、高压、高扬程泵因故障出现泄漏导致火灾甚至造成人身伤亡等恶性重大事故时有发生，因此，石油化工行业生产装置选用的设备在设计、选型和制造方面有特殊的要求和专门的规定，一定要针对石油化工行业的特点，满足并符合该行业的要求。在各国的石油化工设备的设计、制造标准中，设立最早并且最为全面完善的是美国石油学会 API 相关标准，基本上每 5 年要检查、修改、重新批准或者撤消，其标准得到大量有效性的证明、良好的工程和操作实践，相对于其他设计、制造标准，API 相关标准对制造商的设备性能在设计、选型、制造和试验等方面都提出了很多最基本的约束条件，以保证用户使用设备的安全性和稳定性。因此，石油化工行业的设备的设计、选型和制造基本上是采用和遵循 API 相关标准或者等效国内标准。

1）设备设计、制造和验收采用和遵循的主要相关标准

离心压缩机

API 617：2002，Axial and Centrifugal Compressors and Expander - Compressors for Petroleum, Chemical, and Gas Industry Services

API 614：1999，Lubrication, Shaft Sealing, and Control Oil Sysems

API 670：2000，Machinery Protection Systems

API 671：2007，Special Purpose Couplings for Petroleum, Chemical, and Gas Industry Services

汽轮机

API 612：2002，Special Purpose Steam Turbines for Petrolem，Chemical，and Gas Industry Services

NEMA SM23：1991，Steam Turbines for Mechanical Drive Services

联轴器

API 671：1998 Special Purpose Couplings for Petroleum，Chemical，and Gas Industry Services

往复压缩机

API 618：2007，Reciprocating Compressors for Petrolem，Chemical，and Gas Industry Services

齿轮箱

API 613：2003 Special Purpose Gear Units for Petrolem，Chemical，and Gas Industry Services

离心泵

API 610：1995，Centrifugal Pumps for Petroleum，Chemical，and Gas industry Services

API 682：2004，Shaft Sealing Systems for Centrifugal and Rotary Pumps

往复柱塞泵

API 674-2nd：1995 Positive Displacement Pumps-Reciprocating（Plug Pumps）

往复计量泵

API 675-2nd：1994 Positive Displacement Pumps-Controlled Volume（Metering Pump）

压力容器、换热器、加热炉等

GB 150—2011 压力容器

GB 151—2012 热交换器（征求意见稿）

TSG R0004—2009 固定式压力容器安全技术监察规程

API 560：2001 Fired Heaters for General Refinery Services

2）主要设备的设计选型、配置原则和选用依据

设备的设计选型、配置原则方面要考虑的因素很多，包括其结构型式的合理性、运行的稳定性、经济性和可维护性等各方面需要综合加以考虑和权衡。本项目的主要设备的设计选型、配置原则和选用依据有如下特点：

（1）压缩机选型

对于石油化工行业的压缩机来说，应用最为广泛的是离心式压缩机和往复式压缩机。

在小流量或高压比的场合，宜选用往复式压缩机。往复活塞式压缩机属于容积式压缩机，它能够提供较高的压比，而且具有无论流量大小、相对分子质量大小，都可以达到较高的出口压力，与输送气体的相对分子质量大小无关等优点；但同时由于其结构复杂、易损件较多等缺点，流程用往复压缩机一般需设置备机。如歧化补充氢增压机采用两台往复式电驱动压缩机，一操一备，其中一台设置一套气量无级调节系统，该机作为主机，以提高装置运行的经济性。

对于大流量或低压比的场合，宜选用离心式压缩机，流程用离心式压缩机则一般用汽轮机驱动，转速可调。由于压缩介质为氢气，相对分子质量小、易泄漏，压缩机选择筒形结构。离心式压缩机性能稳定，易损件少，但其投资远远大于往复式压缩机，一般不设备机。如歧化循环氢压缩机采用离心式压缩机，驱动机为 0.5MPa、190℃等级蒸汽凝汽式透平，乏气采用空冷冷却。异构化循环氢压缩机也是采用离心式压缩机，驱动机为 0.5MPa、190℃等级蒸汽凝汽式透平，乏气采用空冷冷却。

（2）工艺流程泵选择

对于工艺流程泵来说，选择泵型则主要是根据介质的温度、流量、密度和扬程等参数。由于普通离心泵结构简单、性能稳定、易损件较少，一般情况下宜优先选用，采用电机驱动，对于连续操作的泵一般还需要设置备机。

（3）泵用机械密封选型

泵用机械密封的选择则主要根据介质的温度、压力、是否有毒有害以及是否有挥发性等确定，对于输送介质为芳烃的离心泵，因为介质有毒有害，出于环保和安全的要求，装置绝大部分机泵的机械密封均采用串联密封 11+52 或 21+52 等，设计、制造符合并满足 API 682 标准的要求。

项目中吸附塔循环泵、二甲苯塔底泵、二甲苯塔顶泵等关键台位的大型机泵，由于国内制造厂没有相应的应用业绩，为稳妥起见，按引进考虑且采用串联机械密封。为降低成本，进口泵仅引进泵头，配套电机为国产。

由于这 8 台泵的介质温度高，泵轴直径达 130mm，密封尺寸大，根据 API 682 的相关技术要求，宜选用波纹管机械密封。波纹管机械密封又分静止型和旋转型两种，当密封尺寸比较大时，旋转波纹管极易发生振动倾向，波纹管易发生疲劳损坏，导致机械密封泄漏，因此，为了确保机械密封的可靠性及运行的稳定性，密封选型要求采用串联机械密封中的静止式波纹管的密封结构型式。密封厂家确定之后，与密封厂家进行了反复沟通与协调，该密封结构采用了如下特殊设计：

一是采用静止型波纹管，克服了该型式密封布置要求密封腔空间尺寸大的困难，同时也避免了旋转波纹管一周两次的振动，材质为 Incoloy718；

二是两套密封串联布置方式，介质高温、有毒，一般采用有压设计，现改为无压设计，即由 API PLAN53 改为 PLAN52 设计；

三是内、外侧设计都具有一定的抗反压能力；

四是因为密封直径大、密封腔体压力高，采用双层波纹管结构；

五是充分考虑密封冲洗液的冷却，采用冷却效果较好的夹套管冷却。串联布置静止式波纹管机械密封结构如图 2-2 所示。

海南炼化60万吨/年对二甲苯项目进口泵机械密封

1	mating ring	silicon carbide	2
2	packing	grafoil	2
3	package	604 unit	2
4	socket head screw	316	8
5	packing	grafoil	2
6	packing	grafoil	2
7	spiral wound gasket	graphite	1
8	sleeve assembly	316	1
9	pumping ring	316	1
10	mating ring adaptor	316	1
11	inner gland plate	316	1
12	outer gland plate	316	1
13	flow guide	316	1
14	pumping ring	316	1
15	aux gland assembly	316	1
16	compression ring	316	1
17	drive collar		
18	circlip	hastelloy c276	1
19	grub screw	316	6
20	socket head screw	316	8
21	bushing	carbon	2
22	spring	hastelloy c276	9
23	grub screw	high tensile steel	4
24	socket herd screw	316	9
25	hexagon head bolt	316	4
26	fitting cup	316	9
27	hexagon head bolt	316	4
28	socket head screw	316	4
29	plug$^1/_2$NPT	316	2
30	plug$^3/_4$NPT	316	2

1300/2604/GA128154

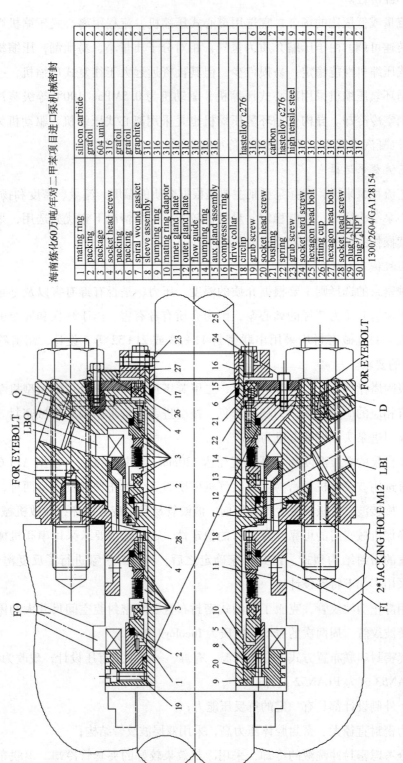

图2-2 串联布置静止波纹管机械密封

（4）双管板换热器

吸附分离塔装填的吸附剂和异构化反应器装填的催化剂一旦进水，将导致吸附分离塔吸附剂和异构化催化剂失活，而且由于吸附剂含铂金等贵金属，购买费用达 3 亿元左右，价格相当昂贵，更换时需要逐层交替拆除格栅和卸出催化剂，相当麻烦、时间长、费用高，因此，为了避免吸附装置抽余液塔和抽出液塔的塔顶蒸汽发生器由于泄漏，导致蒸汽发生器壳程侧的除盐水进入吸附塔，这 6 台蒸汽发生器采用了双管板 U 形管换热器结构，如图 2-3 所示，这样的结构设计，壳程介质不会直接泄漏到管程介质中，可以防止壳程间的软化水进入管程，从而进入吸附塔，损坏吸附剂等。设计上，另外还采取了在双管板的内外管板之间空腔上加装排液和导淋阀，供日常观察判断以及内、外管板与换热管的连接处发生泄漏时进行排放，这样就可以使得管壳程介质完全被内、外两层管板彻底隔离，避免了管板与换热管因焊接、胀管等质量问题带来的介质互串的风险，这是选用双管板结构型式的主要目的。此外，选择双管板换热器需满足如下情况：

一是要求管、壳程的工艺介质对换热管没有任何腐蚀性；

二是换热器壳程中的软化水一旦进入管程中的工艺介质侧，最终进入吸附分离等系统，会造成系统的催化剂、吸附剂等失效，给工厂带来巨大损失。因此，设计时，其操作压力，壳程侧的软化水的压力一定要低于管程侧的工艺介质的压力，等等。

（5）卡琳娜低温热水发电技术

本项目物料因沸点相差小，很难分离，所以，先进行的是 C_8 芳烃与非 C_8 芳烃的分离，该分离过程分离采用的是常见的加热分馏原理。由于系统的循环量大，需要供给系统的热量大，这样在生产过程中系统也必然会伴生大量的低温余热，项目中的抽余液塔和抽出液塔等存在大量的低温余热，余热都在 100MW 以上。

为了充分回收和利用装置的这部分低温余热，装置的二甲苯塔、抽余液塔和抽出液塔等采取了加压操作，以便更为集中、有效地利用装置内工艺物流的大量低温热。根据工艺物流中低温热源温位的高低不同分别发生 0.5MPa、190℃ 等级的低压蒸汽和 118℃ 的热水，然后利用装置所产生的低压蒸汽拖动压缩机蒸汽透平和发电机组透平，装置所产生的 118℃ 的热水送至热水发电机组进行发电，热水发电采用卡琳娜技术，两台发电机一共可回收功率约 20000kW。

而卡琳娜低温热水发电技术则是一种不同于朗肯循环的另一种能量利用方式，它利用的是氨-水混合物特殊的物理特性，既不同于纯水，又不同于纯氨。这两种工质混合物的物理特性就像是一种全新的物质，它有如下几个基本特点：

首先，氨-水混合物的沸点和凝结点温度是不固定的，即具有变温蒸发的特点，这是最核心最关键的一点；

其次，氨-水混合物的热物理特性能随氨浓度的改变而改变；

第三，氨-水混合物有一个在热容量不变化的情况下，混合物的温度会升高或降低的热物理特性；

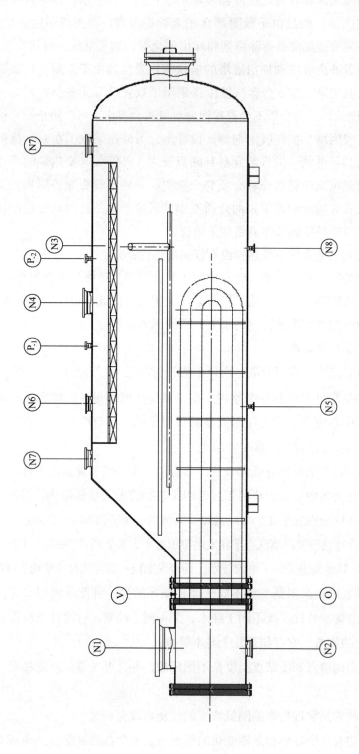

图2-3 双管板蒸汽发生器

N1—管程入口；N2—管程出口；N3—壳程入口；N4—壳程出口；N5—壳体排液；N6—壳程放空；
N7—安全阀口；N8—加药口；P_1—压力计口；P_2—压力计口；O—双管板放空；V—双管板排液

第四，氨水可以在较低的温度下蒸发。

所以，当氨和水相混合后，氨更容易从这二者的混合物中挥发出来。这意味着当氨-水混合物被加热时，大部分的氨会先沸腾并挥发出来。也就是说，蒸馏过程开始发生。反过来说，当氨-水混合物蒸汽被冷却时，大部分的水分会首先凝结出来。因此，卡琳娜技术发电在低品位的低温余热回收利用方面更具优势，卡琳娜低温热水发电技术就是利用氨-水混合物的这一特性，氨-水混合物作为一种中间热媒进行发电。

图 2-4 所示为压力在 30bar(a)下的氨水混合物相平衡图，横坐标表示氨-水的质量分数，纵坐标表示氨-水混合物的蒸发温度，平衡压力不同，相平衡图是不同的。

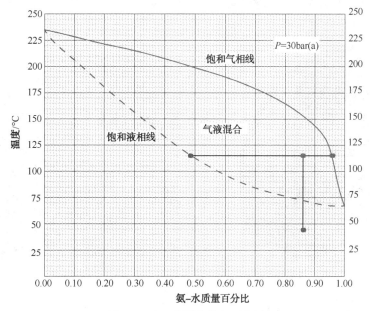

图 2-4　氨-水混合物相平衡图

卡琳娜技术低温热水发电机组主要由卡琳娜系统、齿轮箱和发电机等设备组成。卡琳娜系统则主要由氨气轮机、齿轮箱、主氨泵、回热器、冷凝器、蒸发器和发电机等设备组成，其主要设备的结构特点如下：

① 氨气轮机　氨气轮机从结构和工作原理来分，主要有径向外流式和径向内流式两种结构，如图 2-5、图 2-6 所示。本项目采用氨气轮机的结构为径向外流式、单级悬臂的结构，气体介质从叶轮轴向进入、从叶轮径向排出，额定转速 12000r/min。氨气轮机为美国 ENERGENT 公司生产的产品，这种径向外流式结构相比径向内流式结构，在大容量、

图 2-5　径向内流式氨气轮机叶轮

---

❶　1bar＝10^5Pa。

大功率方面更有优势，究竟选择哪种结构型式的氨气轮机，需要根据流量、功率等参数来决定。氨气轮机结构如图2-7所示。为了防止氨腐蚀，叶轮采用钛合金材料制造(Ti-4AL-6V)。

② 氨气轮机主轴和叶轮的连接方式　氨气轮机在工作原理上属于透平膨胀机结构型式，由于透平膨胀机的转速较高，所以，在设计透平主轴和叶轮的连接方式时，要考虑以下几个方面的问题：

一是叶轮在轴上的定位精度要好，拆装方便。

二是转子或叶轮承受大的冲击力时，动平衡精度变化影响较小。

三是主轴和叶轮连接之间的配合面要求至少70%以上，这就需要有经验丰富的钳工具有较强的研磨水平。

图2-6　径向外流式氨气轮机叶轮　　　　图2-7　氨气轮机轴端干气密封

由于该氨气轮机的转速比较高，但又不是太高，叶轮和轴之间的连接采用了类似花键结构的连接方式，这种连接方式还是比较适用于该转速的转子的。

③ 止推轴承的设计　透平膨胀机的膨胀比较大时，转子承受的轴向力大，同时由于膨胀机的转速高，止推轴承外圆直径就会受线速度限制影响，止推面的扩大有限。膨胀机在变工况运行时，尤其在启动或紧急停机时，膨胀机转子受力状况会发生剧烈的变化，所以，止推轴承及系统的承载能力的设计也是膨胀机转子设计的一个关键因素，转子受力一般按设计点参数计算，同时要考虑非设计工况。所以，设计膨胀机的止推轴承要从轴承的结构型式、轴向力的平衡、轴向力的精确计算等方面加以综合考虑，以确保膨胀机止推轴承适应大幅波动的工况。

④ 齿轮箱　齿轮箱主、从动齿轮均为人字式渐开线齿轮，为美国 LUFKIN 公司的产品。

⑤ 发电机　采用两极发电机，座式轴承结构，同步转速为3000r/min，选用国产佳木斯公司的产品。座式轴承结构相比端盖轴承结构来说，轴系加长，且该机组属于多轴系结构，因此，在设计时，其轴系的稳定性是本机组需要重点加以考虑的方面。

⑥ 轴端密封　由于进氨气轮机的工质有毒有害、易燃易爆、轴端密封采用带中间梳齿

的串联布置干气密封结构。如图2-7所示。

⑦ 冷凝器　冷凝器采用传热系数高、冷、热端温差小、结构紧凑的垫片板壳式换热器，板片材料为316，厚度0.6mm。

⑧ 主氨泵　采用API 610中的VS6泵型，即双筒体筒袋泵结构，立式安装，有效提高泵的装置汽蚀余量 $NPSHr$，采用两开一备。三台泵的转速设置变频调节，以满足工艺负荷变化的需要。

卡琳娜技术低温热水发电的工艺流程大致如下：

压力13.4bar(a)，温度39.67℃，浓度为86%的饱和氨水工质由主氨泵升压至37.5bar(a)后进入回热器，氨水被预热到50℃进入蒸发器。通过回热器回收了分离器分离出来的贫氨凝液的热量，提高了蒸发器给氨水的入口温度，同时，也提高了卡琳娜动力循环的效率。

从装置回收低温热产生的118℃工艺热水进入蒸发器，把从氨泵出来的饱和氨水混合物加热到115℃，氨水受热使氨蒸发形成两相混合流体进入分离器，在分离器中进行气液分离，分离后的富氨气体再通过蒸汽过热器过热，过热后的富氨气压力为32.1bar(a)，温度为114.88℃，进入氨气轮机做功，分离器分离出的贫氨饱和溶液的压力为32.1bar(a)，温度为114.88℃，浓度为48.34%，进入回热器被冷却。

高压的饱和氨气进入氨气轮机膨胀做功，经齿轮箱驱动发电机发电，机械能转换为电能，做完功的从氨气轮机出来的氨气乏汽压力为13.957bar(a)，温度为80.67℃。

氨气轮结构如图2-8所示。

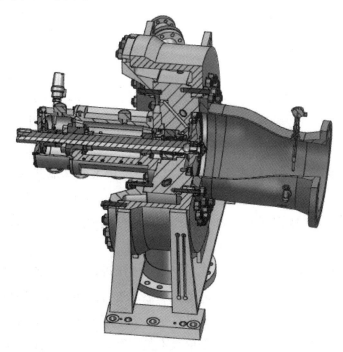

图2-8　氨气轮机结构

来自分离器的贫氨溶液经过回热器预热蒸发器给氨水，同时自身被冷却到温度为43.38℃，经过分离器液位调节阀进入凝汽器内喷淋，吸收冷却富氨乏汽，并在冷却水的冷却下，最终形成压力为13.4bar(a)、温度为39.67℃、浓度为86%的氨水混合物，然后重新进入主氨泵，从而连续运行。由于氨水是在一个封闭的系统内运行，不会对大气产生污染，同时也回收了低温热，从而实现清洁生产，减少碳排放。通过该技术的实施一共可回收低温热的功率最大约3400kW。该技术是首次在大型工业生产装置中得到应用。

无论是朗肯循环技术还是卡琳娜循环技术，设计时一定要抓住其核心，厘清内在的本质关系。卡琳娜循环技术与朗肯循环技术的最大区别点是，卡琳娜循环的热媒工质即氨水混合物是变温蒸发的，那么，在一定的给定压强下，通过热源介质的给定初始温度和末端温度即可确定氨水的蒸发温度的起始点温度和终结点温度，从而通过配比适当浓度的氨水达到这一目的，这样，就可以使氨水工质能够从热源介质中获取最大限度的热能，从而输出电能最大，如图2-9(a)所示。而朗肯循环不可能正好保证热媒工质从热源介质中最大限度地获取热能，必然有一部分热能浪费掉，如图2-9(b)所示。

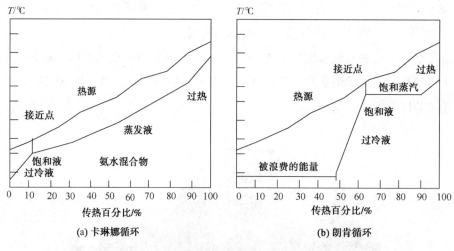

图2-9 卡琳娜循环与朗肯循环的能量利用率

所以，要确保朗肯循环的热媒工质从热源介质中最大限度地获取热能，有下列三个手段：

一是降低朗肯循环热媒工质的饱和蒸汽压，而降低饱和蒸汽压的结果是膨胀机的入口压力降低，膨胀机的做功也相应减少了。

二是朗肯循环的热媒工质采取双压或者三压等多压设计方式，使热媒工质吸热呈阶梯状进行，不同的压力段热媒工质与不同的温位段热源进行换热，从而增加吸收的热量。与此同时，不同的压力段的热媒工质通过不同的进气点进入膨胀机，回收的功率虽然增大了，但膨胀机的结构变得复杂了。如果透平是单级不是多级结构，还不能按照多压系统进行设计。如图2-10所示。

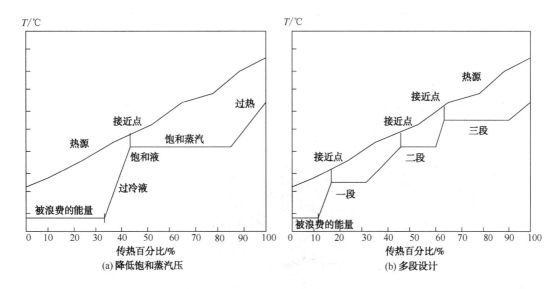

图 2-10　降压设计及多压力段设计的朗肯循环

三是在朗肯循环蒸发器前增加预热器，在制冷系统上俗称经济器，使朗肯循环的热媒工质被热源先预热到接近给定压强下的饱和温度，然后再进入蒸发器蒸发。这样，就可以把图 2-9(b)的被浪费的那一部分能量在预热器中部分回收，从而提高朗肯循环的能量回收率。

所以，在低温热的回收方面，如果没有比较匹配的、合适的热媒工质，采用氨水混合物作为热媒工质，则因为其吸热升温曲线与热源介质的冷却曲线分布几乎相平行，热量的回收最为充分，上述的无论是降低热媒工质的饱和蒸汽压、多压设计系统还是增加预热器的设计就可以避免了。因此，在利用低温热热水发电技术方面，选择氨水作为热媒工质不失为一种比较好的做法。

此外，在设计卡琳娜低温热水发电技术方案时，还要注意以下两点：

一是由于氨水浓度不同，对应于不同的相平衡，即蒸发饱和曲线是不同的，因此，不同温位的低温余热，就要选择不同浓度的氨水，泵的扬程也不同，饱和蒸汽压也不同。所以，要根据工艺装置的具体情况选择确定合适的系统参数，如氨水的浓度、氨水的平衡压力等等。

二是采用合适的算法，使系统参数最优化。卡琳娜循环不同于朗肯循环，其过程涉及的参数较多，而且参数之间又是非线性关系，相互影响，互为因果。采用传统的算法难以满足循环优化的目的，遗传算法作为一种自适应全局优化概率搜索算法，具有较强的寻优能力，特别是对于较为复杂的系统能够较好地实现系统参数的最优化。鉴于此，可以将遗传算法应用于卡琳娜循环的参数优化，这是一种比较好的优化算法，通过该算法，确定合适的参数，其最终目的就是达到工质的饱和蒸汽压最大，选择一种比较适合该项目的工艺方案，再配套合适的工艺设备，从而达到能量回收的最大化。项目低温热水发电的平面布置如图 2-11 所示，工艺流程如图 2-12 所示。

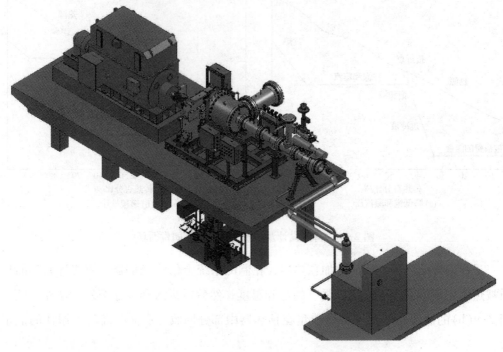

图 2-11　氨气轮机平面布置效果图

（6）节能措施方面

为确保项目今后运行的经济性，使产品更具有市场竞争力，装置的综合能耗是本项目设计考虑的一个非常重要的方面，设计上为了最大限度地降低项目的装置能耗，配合芳烃国产化技术公关在本项目的应用，本项目主要采取了以下一些节能措施：

① 通过整体优化工艺装置和流程，充分考虑热联合，大幅提升节能降耗水平。

例如二甲苯塔顶冷凝热用作抽出液塔、抽余液塔、成品塔、邻二甲苯塔等塔底重沸器的加热热源等等。

这一点是体现设计水平和能力的关键所在，通过对换热网络采用窄点温差控制设计等优秀的优化设计，应该做到使加热炉负荷尽量最小，而不是首先考虑如何利用低温热。

② 充分利用装置低温余热。

前面已经介绍过，为了充分回收和利用装置的大量的低温余热，装置的二甲苯塔、抽余液塔和抽出液塔等采取了加压操作，加压操作虽然增大了加热炉的负荷，但大量的低温余热得到了部分回收，压力为 0.5MPa、温度为 190℃低压蒸汽采用大家常见的朗肯循环技术的蒸汽轮机驱动发电机发电，本篇不作介绍。118℃低温热水的利用则采用卡琳娜技术发电，上文也已作介绍。

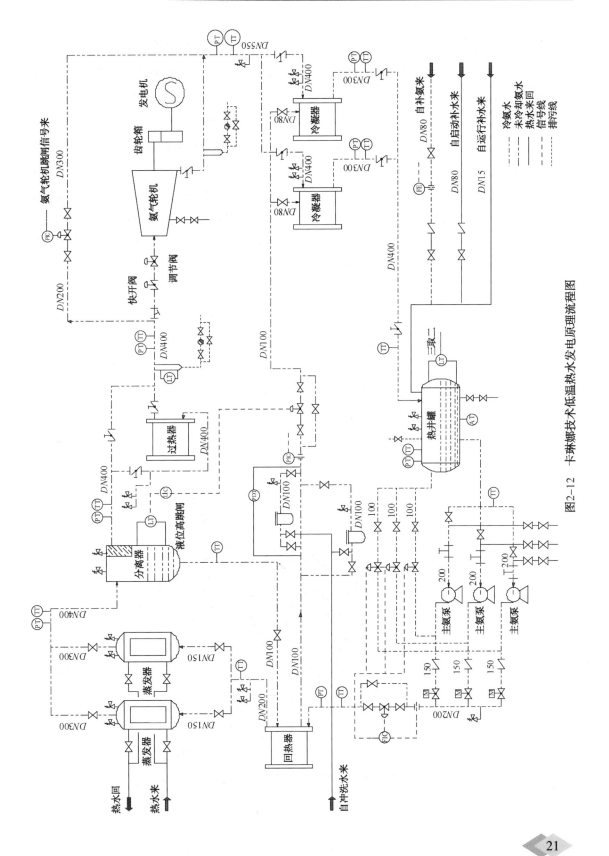

图2-12 卡琳娜技术低温热水发电原理流程图

③ 采用合适的节能设备。

项目的加热炉共有鼓引风机7台，加热炉的鼓、引风机风量调节均采用了变转速调节。根据功率大小的不同，不同的具体设备选用不同的转速调节方式，功率较大的在400kW以上的设备，如F-701、801重沸炉的联合余热回收系统的2台鼓风机、2台引风机采用液力耦合器调速；位于200~400kW中等功率的如歧化加热炉F-501、F-502的联合余热回收系统的2台鼓风机、1台引风机采用永磁调节转速；功率较小的200kW以下的设备，如空冷风机等则采用变频调节转速。

与二甲苯重沸炉配套的风机一共设置2台鼓风机和2台烟气引风机，一共4台风机。对于2台或2台以上并列运行的风机来说，一是要考虑其运行的经济性，这是非常重要的，二是要考虑运行的稳定性。由于风机的全压较低，风道/烟道的阻力及阻力的少许变化会对风机性能产生相对较大影响，而且并列运行的风机相互之间影响也较大，所以对于并列运行的风机来说，一定要确保性能曲线基本一致。为达到运行的经济性，这4台风机的风量均采用转速调节，调速方式采用液力耦合器，风机为陕鼓集团生产，液力耦合器为引进德国 Voith 产品。但是，风机转速变化后，风机的性能曲线也随之发生变化，所以，为了确保并列运行风机的稳定，所以，在设计时，并列运行风机需要同时配置转速可调。

图2-13、图2-14所示是液力耦合器的剖面图及结构。

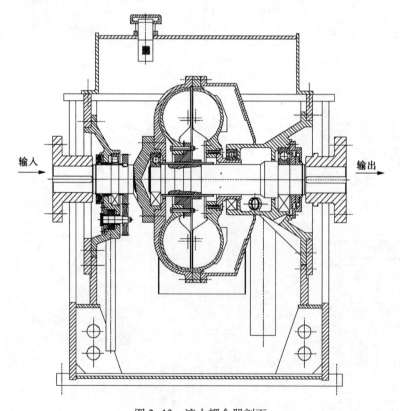

图 2-13 液力耦合器剖面

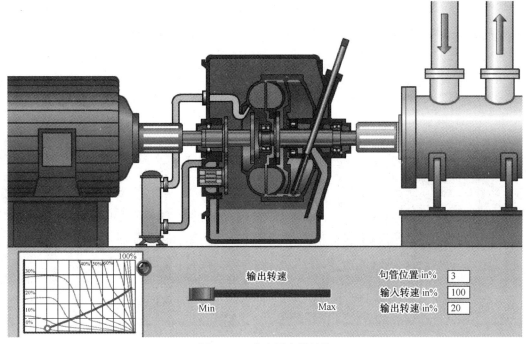

图 2-14　液力耦合器结构

④ 加热炉烟气余热联合并分段回收，提高加热炉整体热效率。

通过加热炉烟囱整合、加热炉烟气余热采取联合回收，有效提高加热炉整体热效率，烟气余热回收流程见图 2-15。

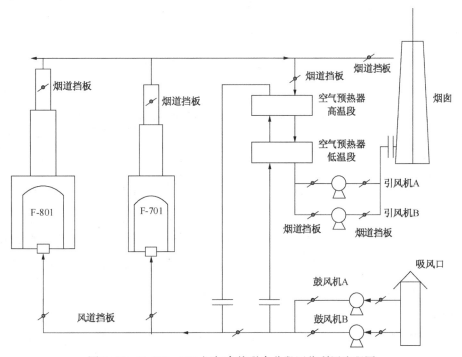

图 2-15　F-701、801 烟气余热联合分段回收利用流程图

烟气余热回收分高低温两段进行，回收热量的比例分配大概是 6：4，高温段采用具有较高传热系数、较低压力损失、耐高温的焊接不锈钢板式空气预热器，如图 2-16 所示，低温段则采用抗露点腐蚀的球墨铸铁双面板翅式空气预热器，使烟气的排烟温度低至 95℃，加热炉的热效率提升至 94%。球墨铸铁双面板翅式空气预热器和焊接不锈钢板式空气预热器的外观图如图 2-17 所示。

图 2-16　铸铁双面板翅式空气预热器

图 2-17　焊接不锈钢板式空气预热器

⑤ 选用单程纯逆流焊板式换热器。

装置的歧化反应器和异构化反应器的进料换热器均采用结构紧凑的纯逆流大型焊接板式换热器，增加换热深度、降低系统压降。

采用焊接板式换热器，占地面积小、最大限度降低冷、热端温差，增加换热深度、降低系统压降，焊接板式换热器传热比表面密度可以达到 $220m^2/m^3$。板壳式换热器板束由 321 不锈钢波纹板组成全焊式矩形板叠，矩形板叠上部和下部分别与板束板壳式换热器板束装在压力壳内，提高了板壳式换热器的安全可靠性，使板壳式换热器既具有板式换热器传热效率高、结构紧凑、端部温差小、压降低和质量轻等优点，同时又继承了管壳式换热器可承受高压、耐高温、密封性能好以及安全可靠等优点。在板束下管箱内设置气体分布板与液体分布器，板束通过管板支撑悬挂在壳体中，板束上部及下部均通过膨胀节与壳体相连。外壳由上部壳体与下部壳体两部分组成，上、下部壳体通过设备法兰连接，换热元件和整体结构如图 2-18、图 2-19 所示。

冷端进料经液体分布器分布后与冷态的循环氢气体在板束下管箱内进行混合，混合后的油气混合物均匀进入板程流道，被加热后汇集到板束上管箱并流出换热器。热态的反应出料由板束上端壳程侧向开口均匀进入壳程的每个流道，经冷却后由板束下端壳程侧向开口流出壳程。

板程介质与壳程介质的流动呈纯逆流。

歧化反应器和异构化反应器的进料焊接板壳式换热器的主要设计参数见表 2-1。

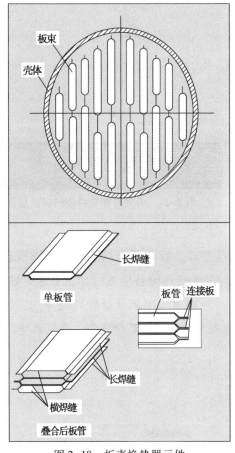

图 2-18 板壳换热器元件

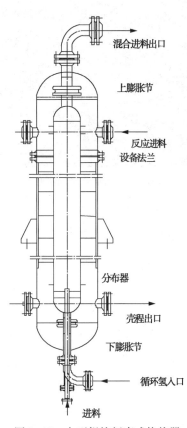

图 2-19 大型焊接板壳式换热器

表 2-1 换热器的主要设计参数

项目	热流流量/ （kg/h）	冷流流量/ （kg/h）	热流温度/℃ 进/出		冷流温度/℃ 进/出		热端温差 ℃	热负荷/ MW
歧化进料换热器	136600	136600	477	177	96	447	30	56.4
异构化进料换热器	448592	448592	355	101.5	82.1	324	31	119.3

⑥ 蒸汽发生器采用高通量管换热器，增加换热深度。

装置抽余液塔和抽出液塔的塔顶均有大量的余热，采用高通量管蒸汽发生器产生蒸汽回收这部分低温热，高通量管蒸汽发生器一共有6台。高通量管换热器中的高通量管引进美国 UOP 产品，壳体由无锡化工装备公司制造并最后组装成套，高通量管的特点是沸腾介质走管内，表面烧结强化传热，是普通光管的传热系数的 2~4 倍，冷凝介质走管外，通过锯齿减薄疏导强化传热，如图 2-20、图 2-21 所示。在光管表面烧结金属多孔表面的高通量管的强化传热的机理是：强化沸腾传热多孔表面的微孔和相互连通的隧道提供了大量的汽化核心，小汽泡相互连通，易于长大，因此极大降低了沸腾所需的过热度从而实现低温差下的稳定沸腾。选择表面烧结的换热管作为高通量管时，一定要注意：一是介质清洁；二是无腐蚀性；三是无结焦倾向性。

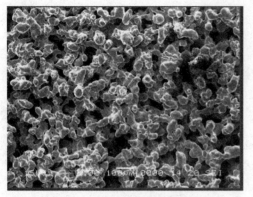

图 2-20　高通量管烧结多孔表面

图 2-21　管外开槽管内烧结高通量管

⑦ 选用径向反应器，降低反应系统压降。

异构化反应器选用径向反应器、中心管的结构型式，反应混合物从反应器塔顶进入，经入口分配器到各扇形筒，横向进入催化剂床层，在氢气环境条件下，对二甲苯含量较低的混二甲苯在催化剂的作用下，转换成对二甲苯，制得对二甲苯含量较高的异构二甲苯，异构二甲苯从中心管由反应器底部排出。径向反应器能有效减少系统压降，降低系统能耗。

径向反应器结构如图 2-22 所示。

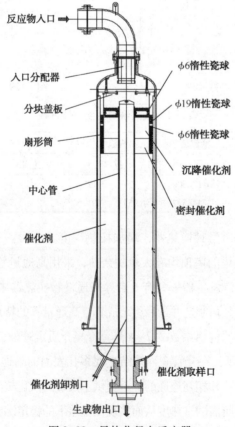

图 2-22　异构化径向反应器

⑧ 歧化补充氢往复压缩机气量调节采用气量无级调节。

图 2-23、图 2-24 是往复压缩机气量无级调节的系统图及原理图。

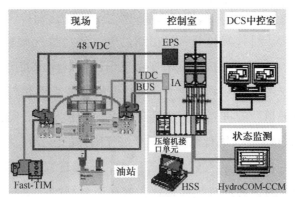

图 2-23　往复压缩机气量无级调节原理

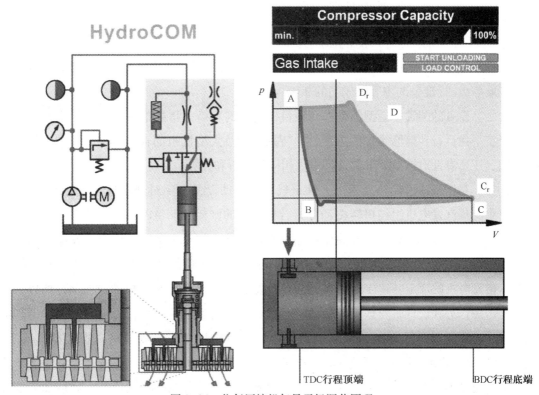

图 2-24　往复压缩机气量无级调节原理

如图 2-24 所示，随着活塞在压缩机汽缸中的往复运动，每个汽缸侧的一个正常工作循环包括：

a. 余隙容积中残留高压气体的膨胀过程，如 A-B 曲线，此时压缩机的进气阀和排气阀均处于正常的关闭状态；

b. 进气过程，如 B-C 曲线，此时进气阀在汽缸内外压差的作用下开启，进气管线中的气体通过进气阀进入汽缸，至 C 点完成相当于汽缸 100% 容积流量的进气量，进气阀关闭；

c. C-D 为压缩曲线，汽缸内的气体在活塞的作用下压缩达到排气压力；

d. D-A 为排气过程，排气阀打开，被压缩的气体经过排气阀进入下一级过程。如果在进气过程到达 C 后，进气阀在执行机构作用下仍被强制地保持开启状态，那么压缩过程并不能沿原压缩曲线由位置 C 到位置 D，而是先由位置 C 到达位置 C_r，此时原吸入汽缸中的部分气体通过被顶开的进气阀回流到进气管而不被压缩；待活塞运动到特定的位置 C_r（对应所要求的气量）时，执行机构使顶开进气阀片的强制外力消失，进气阀片回落到阀座上而关闭，汽缸内剩余的气体开始被压缩，压缩过程开始沿着位置 C_r 到达位置 D_r。气体达到额定排气压力后从排气阀排出，容积流量减少。这种调节方法的优点是压缩机的指示功消耗与实际容积流量成正比，是一种简单高效的压缩机流量调节方式，即回流省功的原理。

⑨ 装置全部机泵的电机采用高效电机。

装置全部电机均选用高效电机，执行 GB 18613—2013《中小型三相异步电动机能效限定值及能效等级》标准，选用等级较高的 2 级。

总之，设备的配置、选型等是整个项目极为关键和极为重要的环节，直接影响装置今后的经济平稳运行和检修维护的方便性，特别是针对大型机组而言，其配置不同，具体情况不同，还要有针对性地要求制造厂提供相应的分析和计算。

例如，对于采用齿轮箱变速的、轴系较长的转动设备，要对轴系进行扭转振动分析。本项目中的蒸汽发电机组经扭转振动分析合格。有的则要按照 API 617 的要求对转子进行稳定性分析等，如本项目中的异构化压缩机组。卡琳娜技术热水发电机组的发电机采用的是座式轴承，轴系较长，一阶临界转速较低，在单机试车的时候，发现发电机的临界转速与 0.5 倍发电机的额定转速接近，可能会导致发电机正常运行时形成油膜振荡，所以，出于安全考虑，另找设计，对该发电机的轴承进行了重新设计、计算，通过刚度图求出其横向临界转速和扭转临界转速，重新制造轴承，经单机试车，验收合格，满足技术要求。图 2-25 是典型的无阻尼条件下的求临界转速图。

只有通过上述严格的一个个环节的把关，才能确保设备在初期的设计、制造加工等过程万无一失。

3) 供应商名单的确认

设备的选型、配置等确定后，就需要对供应商名单进行确认。项目中有的设备要求较高，有的设备要求比较特殊，特别是对于高温、高压、大流量等一些重要设备、核心设备的供应商的选择，要慎之又慎，需要业主有很多很丰富的现场实际工作经验及行业信息，针对设备的技术要求和供应商的详细情况、产品技术性能特点、信誉、行业业绩，供货是否及时以及现场服务情况等，具体问题具体分析，集思广益，把各方面的因素综合起来加以考虑，最终甄别、遴选出合适的供应商名单。

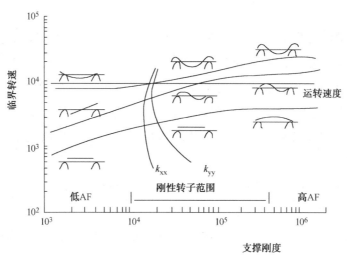

图 2-25　无阻尼刚度图

k_{xx}—水平刚度；k_{yy}—垂直刚度

在本项目中，8 台进口大泵，同一代理商代理同一品牌，但同一品牌，在世界各地有很多工厂，均为并购当地的企业公司，分工生产，设计和制造能力参差不齐，产品质量相差较大，因此，需要业主具有很强的行业信息。

4）技术协议的签订

技术协议是合同的一部分，同样具有法律效力，因此，要求签订的技术协议格式规范、文字严谨、用词准确、表达清晰、内容齐全、要求统一、规定明确等。譬如对材料要求究竟是锻件、铸件还是棒料，关键材料的生产厂家等，一定要规定明确，这些规定对设备的性能和使用影响非常大。

技术协议一般至少应包含以下内容：数据表、性能曲线、主要设备和部件的剖面图、主要材料表、公用工程消耗、外购件分包商名单、开车备件和两年备件、易损件清单、检验与试验的要求和内容、试验程序、性能试验见证、防锈油漆与包装、安装运行与维护手册、图纸和资料交付以及现场的开箱检验等。

对于外购件分包商的确认，要从工厂的实际情况出发，统筹考虑，一般件要尽量做到设备和配件的通用化、系列化、标准化。譬如，联轴器、机械密封等，不宜选过多的厂家，两三家即可，避免太多、太杂造成每个供应商的供货数量都比较少，供应商的积极性不高，为今后的设备维护带来诸多不利影响。

在签订技术协议时，尽量选用成熟的、结构合理的、有两年以上良好应用业绩的产品，当然，这需要业主具有很强的专业知识及广泛的市场信息。

根据 API 610 的技术要求，对于泵用轴承的选择依据是泵轴承承载的能量密度，即功率与转速的乘积，当该参数较大时，就应选择滑动轴承，因此，当时，就是因为考虑到这关键的 8 台进口大泵的能量密度较高，为提高泵的运行稳定性，泵的轴承支撑改滚动轴承支撑为滑动轴承支撑。

对于特殊关键件或重要件，压缩机的关键部件如叶轮等，有三体焊接、两体焊接和整体铣制等不同加工方式，采用的加工手段不同，材料性能不同，产品的最后工艺性能、可靠性和效率等差别较大，特别是首次设计部件时更是如此，所以在签订技术协议时，对于这些重要的部件一定要明确合理的加工手段。否则，制造厂就会根据情况按照成本最低的加工手段或选用不合适的材料进行加工，最后有可能不能满足设计的性能要求。

凝汽汽轮机的排汽都或多或少有一定的湿度，末级叶片特别容易产生汽蚀，影响叶片使用寿命，严重时叶片断裂甚至威胁机器的安全运行，因此，一定要重视凝汽汽轮机的末级叶片的安全性。目前，提高末级叶片的使用寿命方法主要是采用激光硬化等办法，对于这些技术要求一定要在技术协议上明确提出，等等。

压缩机在安装、调试和试运行过程中有时会来回拆装多次，对于其易损件如 O 形圈、垫片等规格多、品种复杂，拆装后有的易损件不可能再继续使用，这就需要在签订技术协议的时候，订购足够的上述易损件，随机发货。这样做的目的有两个：一是避免因开车前因缺少易损件出现被动局面，耽误安装进度；二是便于统计、了解和熟悉易损件的数量、规格和结构。因此，提前做好规范化的前期管理工作，做到事先心中有数，为今后的设备检修维护打下比较好的基础。

技术协议一旦签订，设备的初步选型、配置及零部件的加工手段等基本确定，不可能再作大的更改和变动，否则，会引起不必要的商务纠纷。如果后来再发现确实有些不当的地方，需要在供货前就要修改的，需要双方共同协商解决，如果涉及到商务变更的，则一定要慎重。

3 合同生效后的中间审查、沟通

装置设备的设计、选型、配置是项目全寿命规范化前期技术管理的重要环节，转动设备在选型、配置完成后，就要进行相关的性能分析与计算，这方面是非常复杂和繁琐的，不能因为技术协议已经签订，合同交给了制造厂，就万事大吉了。期间，还有中间资料的提交与审查，如果发现技术协议不清楚、不完善的地方，还需要再次澄清的，要认真对待，不能因为担心制造厂嫌麻烦而不去做，需要与制造厂进行及时有效的沟通，随时保持联系，做好认真细致的前期工作，设计再复杂、再难、再麻烦也要坚持努力做好，及时发现问题，及时解决问题，切不可因为考虑不周，导致设备先天不足，留下隐患，造成不可挽回的损失。

4 设备制造、出厂检验和试验

石油化工行业的工艺介质很复杂，基本上具有腐蚀、易燃、易爆、有毒、有害等特性。所以转动设备包括压缩机、汽轮机、重要泵和风机等在设备制造、出厂检验和试验等各个环节都要严格把关。首先，所有材料必须严格按照技术协议的要求进行选材。譬如，含 H_2 S 酸性环境下材料的选取应符合美国腐蚀工程师协会 NACE 相关标准的要求。对于锻件、铸件等材料入厂后，首先是进行外观检验，然后还要对重要部件如轴进行超声波等无损检测，合格后方可进行加工、制造；对于项目的一些重要设备都安排有制造厂现场监造，监造人员对业主负责，定期向业主汇报，初始阶段以日报形式，后面阶段以周报形式，报告均以书面形式。

设备在制造过程中，一定要对加工质量、加工尺寸、加工精度等进行严格控制，严把质量关。对于测振部位、装配轴承部位等轴的特殊部位。一定要按照 API 617 的要求进行特殊处理，缺陷的修补按规定向业主汇报，经业主批准同意。譬如，进口的 8 台大泵，其中 6 台泵的泵壳铸造后，在泵厂的加工过程中发现泵壳存在不同程度的铸造缺陷，为了不耽误整个项目的进度，采取了对铸造缺陷先进行挖补焊接修复后使用，同时再重新做新泵壳，以后根据运行情况择机更换的方案。制造过程中的各种试验，如泵和离心压缩机壳体的水压试验、往复机氢气介质汽缸的氢气泄漏试验、离心泵的汽蚀余量试验、轴和转子的静、动平衡试验等等，监造人员一定要紧盯现场、确认见证，必要时通知业主。试验完成后，要求供应商及时提交试验报告，以供审查和分析。

各部件加工完成后，清洗干净、然后进行设备装配，在装配过程中除了要对重要的定位尺寸、动静部分间隙、轴承间隙等进行测量检查外，还要检查其安装设计结构是否可靠，拆装是否方便、合理。例如，海南歧化项目歧化装置和二甲苯分馏装置有多台多级泵的结构设计就不太合理，轴承安装好后，无法正常拆卸，要拆下来就需要采取破坏性措施，这就是设计上的考虑不周。

设备出厂前，还要按照 API 617、API 610、API 612 等相关标准和技术协议的要求，进行最后的各项检验和试验。例如，对于离心泵来说，至少做取 5 个等点的性能试验，机械运转试验、汽蚀余量试验和辅助设备试验等可选试验根据情况而定。对于离心压缩机而言，要在制造厂进行无负荷的机械运转试验，一般情况下，业主要参加，如果是新设计新开发的产品，设计没有太大把握的，还必须要求制造厂做性能试验，其负荷试验和考核试验在业主现场完成。

试验完成后，一定要对设备进行拆检、对轴承等部位进行仔细检查、对出现的问题和试验的结果，要进行认真分析、检查原因，检查制造是否存在质量问题，分析设计性能是否满足工艺要求，切不可把设备问题从制造厂带到用户现场。图2-26为进口泵泵壳铸造缺陷的修复，图2-27为发电汽轮机叶片工厂组装。

图2-26　泵壳铸造缺陷修复处理

图2-27　汽轮机动叶片工厂组装

5　设备防腐油漆、包装及运输

特别是转动设备，一般是比较精密的机器，怕生锈、怕碰、怕摔、怕潮，在设备制造完成后，从出厂到最后的现场安装运行，期间可能有比较长的时间和过程；在运输过程中，还可能会遇到各种恶劣的气候、天气条件以及各种不可预测的因素。因此，对转动设备的防腐油漆、包装及运输也应引起重视，这方面都要有明确的规定和要求，以免在该过程中出现问题，影响设备的运行性能。譬如，针对设备的不同部位、内外表面要有针对性的防腐蚀方案，如轴承箱的内外表面、加工面与非加工面等。针对不同的设备要满足不同的包装条件，对于重要的两年备件是采用充氮保护包装还是真空包装等。图2-28为机泵螺栓的压膜包装。

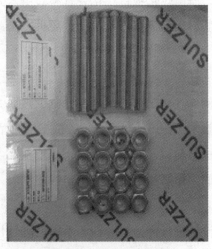

图2-28　设备压膜包装

6 设备现场开箱和检验

设备开箱检验是设备质量控制的一个重要组成部分，是制造质量控制的最后一个环节，设备开箱检验工作很重要，要制定严格的开箱程序，至少应包含以下内容：

（1）开箱检验时间计划

当产品到达买方地点，卖方应及时通报买方，沟通商量，制定开箱检验计划。

（2）开箱检验人员

现场开箱检验由项目总包单位组织，参加开箱检验的人员包括建设单位、监理工程师和设备制造厂等。

（3）开箱检查内容

根据装箱清单和技术协议的内容和要求，确定箱子的数量；检查设备和部件的外观；核对设备部件和专用工具的规格和数量；备品备件的数量，随箱技术资料和包括图纸、说明书、质保书、合格证和各种试验报告等的质量证明资料；当产品以散件提供并无组装描述文件时，设备制造厂对买方等提出的其他有关产品的疑问进行答疑。

（4）开箱问题澄清及解决

开箱过程中还可能发现制造缺陷、设备运输过程中包装或运输不当造成对设备的损坏等各种问题，需要对问题进行及时分析，及时沟通，拿出处理和解决的方案，以免影响后面的安装，避免不必要的商务纠纷。图 2-29、图 2-30 所示为现场设备开箱及检查。

图 2-29　设备包装开箱

图 2-30　现场开箱检查

7 设备安装、调试和试运行

转动设备的安装、调试和试运行关系到项目能否正常按期投产，是整个项目最重要的环节，因此，需要根据整个项目的计划和进度，制定出项目转动设备的详细的统筹计划和安排。

1）设备安装前的检查与核实

在进行设备的安装前，为了避免在安装过程中由于发现问题迟缓，耽误解决问题的最佳时间，影响整个项目的进度，所以，需要提前做好并落实至少以下几个方面的工作：

① 核对设备地脚螺栓的尺寸与图纸、现场预留是否一致；

② 仔细检查确认联轴器的相关尺寸、调整垫的数量、轴端距以及膜片是否预拉伸，图纸与实物尺寸是否一致等。

③ 转动设备的重要安装尺寸要尽快核实，如离心压缩机转子的轴向定位尺寸、干气密封的安装尺寸和定位尺寸等；寒冷地区冬季往复压缩机安装时温差变化、曲轴定位环轴向间隙的选取核实等。

④ 主机附属设备的安装位置、标高等是否合适，是否存在相互干涉或影响其他设备的安装的现象；

⑤ 机组转子冷态对中曲线的确认与审查，这一点千万不能迷信厂家，一定要现场初步核实转子轴承的支撑方式，支座热膨胀的基准，机器热膨胀的死点，如有疑问，要与设备制造厂或整机成套商反复进行沟通；

⑥ 专用工具的检查，是否遗漏，是否能用，是否好用。

以上这些问题如果不事先落实，在后面的安装过程中再发现，就会措手不及，手忙脚乱。上述几个方面的工作完成以后，方可按照转动设备的安装方案进行安装。

2）设备安装前的现场交底

为了让现场施工人员尽快了解项目情况，熟悉设备的内部结构和特点，确保设备安装质量，加快安装进度，设备在现场安装前应首先进行现场交底，以汽轮机拖动的压缩机为例，现场交底至少应包含以下几个方面的内容：

① 项目背景、项目规划、项目具体情况的介绍；

② 项目验收质保体系、小组组成人员情况介绍；

③ 汽轮机和压缩机机组的配置情况，包括联轴器、干气密封的结构及型式等；

④ 关键停检点的检查；

⑤ 设备的内部结构及构造；

⑥ 安装是采用有垫铁还是无垫铁安装，采用的灌浆材料等；

⑦ 辅助设备的安装顺序；

⑧ 基准机器的确定，冷态曲线的确认；

⑨ 机组安装的主要要点等。

3）设备安装的主要步骤

仍以汽轮机拖动离心压缩机为例，其安装的主要步骤如下：

组织准备、材料准备→基础检验修整、机组开箱检验→基准机械（汽轮机）就位→初找对中→二次灌浆→固化→精找对中→其他机械就位→初找对中（相对于基准机器，如汽轮机、齿轮箱等）→二次灌浆、固化→精找对中→辅机安装→管道安装→复查精找对中→点焊死垫铁(无垫铁安装不需要)→油冲洗和油循环合格→安装完成交工验收。

一台机组的安装周期一般约2个月的时间。如果统筹合理安排好工序和时间，有些过程工序穿插进行，则可以大大缩短安装周期，把安装周期压缩到1个月左右时间。

对于压缩机组而言，设备基础的质量是非常重要的，是名副其实的"基础"，其质量好坏是不可逆转的，直接影响设备的终生管理，应认真、严谨、仔细做好。现在，大多数压缩机组采用无垫铁安装，安装十分方便，工效高。灌浆料采用无收缩专用灌浆料，基础载荷均匀，整体性好。

4）油系统的配管和系统油冲洗

大机组润滑油油系统的清洁，是确保机组安全、正常和长周期运行的关键，特别是带有调节系统的工业汽轮机。调节油系统中的硬质颗粒会导致错油门等卡涩、调节失灵等。因此，大机组在调试前一定要重视包含油箱、过滤器等在内的油系统的清洁。为了确保油系统的清洁，应对所有配管等要全部拆下来单独进行酸洗，为便于拆装酸洗，在配管时一定要考虑在合适的地方增加可拆法兰。

5）设备的调试和试运行

（1）需要提前做的几项关键工作

转动设备安装完成后，开车前需要进行设备的调试和试运行，一是检查机器设备的安装质量，二是检查机器设备的机械性能和工艺性能参数是否满足设计要求。机器设备在首次调试和试运行时，可能会出现各种各样的问题，为了有助于分析问题，更可靠、更有效解决问题，机器设备在调试和试运行前需提前做好确认、落实以下几个方面的工作：

① 公用工程如水、电、气、风是否正常；

② 所有仪表、控制、联锁系统联校检查合格；

③ 汽轮机的各项静态试验调试合格；

④ 机组的状态监测系统调试运行合格。

上述主要工作完成后，即可进行调节阀、辅助系统等其他方面的调试和试运行工作。

（2）状态监测系统的调试、完善

这里要强调的一点是，现在很多工厂对大型机组的状态监测系统越来越重视，转动设备从设计、制造、出厂、安装到调试开车，设计制造中存在的先天问题和隐患、安装过程中出现的问题，以及在调试开车阶段由于操作人员不熟练操作不当引起的问题等。所有问题一般都会在调试和试运行过程中暴露出来，因此，需要在转动设备的调试和试运行之前，首先就要把机组的状态监测系统调试试运行合格并完善，优先提取哪些故障特征？及时掌握和了解机组的运行状况，以便当设备调试和试运行过程中出现问题时，为分析问题提供及时、有效的帮助。

状态监测系统的图谱主要分为三大类：

一是稳态图，如频谱图、轴心轨迹图等，这些参数基本上是按照某种规律变化的，与时间无关，图 2-31 为某汽轮机转子不对中的典型频谱图；

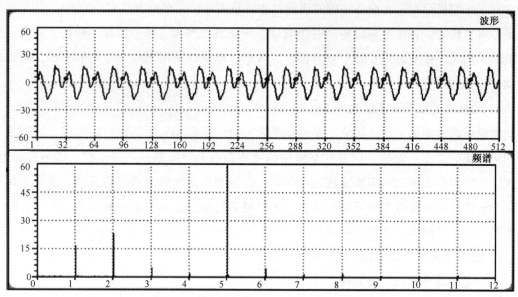

图 2-31　某汽轮机转子不对中的典型频谱图

二是暂态图，如 bode 图、极坐标图、时频图、瀑布图和级联图等，主要出现在开停车过程中，与时间和转速等都有关系，是不确定的，图 2-32 为某汽轮机转子热弯曲的典型 bode 图；

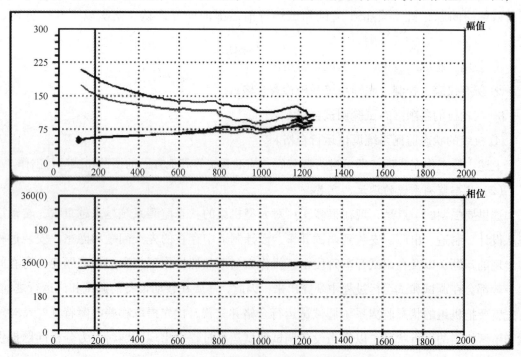

图 2-32　某汽轮机转子转子热弯曲的典型 bode 图

三是测量参数的趋势图。

其中第二种情况的相关内容是最为重要的，一般情况下，在机组进行调试和试运行的过程中，凡是因安装、内在质量隐患和试运行步骤不合适等都会在这一过程中暴露出来。调试和试运行的目的就是要找出问题，发现隐患，机组出现的一些问题往往可以通过对暂态图进行启停车的对比分析，找出问题的原因所在，所以，状态监测系统的算法分析一定要丰富完善，内容要完整，如要有小波分析等，便于查找问题。

每次试车后，最好把机组状态监测的 bode 图、极坐标图和瀑布图等开车期间的历次机组启停的状态监测的暂态图保存下来，便于下次开车时，对出现的问题进行对比分析，及时找出症结所在。

（3）调试和试运行的主要步骤和要点

仍以汽轮机拖动离心压缩机为例，其调试和试运行的主要步骤如下：

① 机组报警、联锁停机试验；

② 汽轮机静态试验，检查润滑油系统、控制油系统是否好用、正常；

③ 汽轮机单机试车，检查汽轮机的安装质量及性能；

④ 汽轮机带压缩机空负荷试车，装试车密封，检查压缩机的安装质量及机械性能；

⑤ 汽轮机带压缩机氮气负荷试车，检查压缩机的工艺性能和干气密封的情况。

（4）机组调试和试运计划制定

为了更好开好机组，做到有计划、有目的、有条不紊、心中有数，机组在调试和试运行前要制定好相应的机组的调试和试运计划，表2-2就是当时异构化压缩机机组进行调试和试运行制定的节点计划。

表2-2　异构化压缩机机组调试和试运行节点计划

日　期	工　作　内　容	完成情况及存在问题
	异构化压缩机组	
10/30~11/3	汽轮机水封安全阀前盲板加好，凝气系统法兰垫片等检查，紧固，盘车器调试	
	专用氮气投用	
11月4~6日	汽轮机凝汽系统充压0.1~0.2MPa，做正压严密性试验	
	步骤：1. 肥皂水、小桶、毛刷等准备好	
	2. 盘车器投用	
	3. 轴封蒸汽给上，看冒汽管放空	
	4. 隔离氮气给上，微正压	
	5. 正压试验合格后，水封安全阀拆盲板	
	6. 油站小透平试车	
11月7~10日	汽轮机单机试车	
	1. 油系统投用	
	2. 蒸汽线无应力检查，猫爪、同轴度复查，膨胀节投用	

日　期	工　作　内　容	完成情况及存在问题
	3. 凝结水系统投用	
	4. 凝汽系统抽真空严密性试验，压力上升低于200Pa/min，投用	
	5. 机组仪表联校，油系统等各种试验，三天时间	
	6. 汽轮机静态试验等，二天时间	
	7. 蒸汽系统投用	
	8. 11月10日汽轮机单机试车	
11月11~12日	离心压缩机空负荷试车	
	1. 无应力检查	
	2. 机组对中	
	3. 汽轮机保温膏保温	
	3. 进出、口断开，入口加临时滤网	
	4. 压缩机防喘振等试验	
	5. 热态复查	
11月13~16日	离心压缩机氮气负荷试车	
	1. 11月13日干气密封管道吹扫	
	2. 11月14日装干气密封及检查	
	3. 汽轮机单机试车的所有条件具备	
	4. 系统气密性试验，引氮气至机组，气密性试验，然后把系统压力充压至 0.02~0.03MPa	
11月17日	离心压缩机组问题整改	

　　至此，设备的前期技术管理，包括每一步骤都非常关键，只有把好每一关，包括设备规划、设备的设计、选型、技术协议的签订、工厂制造、现场开箱及检验等等，设备的调试和试运行就能够顺利进行，设备的前期技术管理工作就基本告一段落，设备转入正常的生产运行阶段。

　　下一步就要针对前期管理过程中出现的各种各样的问题进行一个全面的综合的评估，做好相关的总结和分析，建立健全相关的基础资料和档案，这一点非常重要，便于今后的学习和查找资料的方便；如果不及时进行资料和档案的收集和整理，以后做起来会相当麻烦。严格按照设备管理的规章制度，最终将设备运行好，维护保养好，为整个项目的最终顺利完工和装置的安全、稳定、长周期良好运行打下坚实的基础，为工厂的效益最大化作出贡献。图2-33所示为现场开车调试情况。

图2-33　现场开车调试

第3章 设备前期技术管理的完善与提高

设备特别是对于大型压缩机组能否顺利按期高质量完成安装，前期的技术管理工作是非常重要的，包括设备开箱检验、物料清单确认、随机资料核实、安装方案审查、现场施工交底以及安装过程中疑难问题的迅速解决。要确保前期技术工作的顺利开展，就必须在管理的透明化、规范化、先进管理工具的应用等方面下工夫。

1 透明管理

任何一个项目的管理过程都是发现问题和解决问题的过程。如果一个问题能够在第一时间发现，并提出来，并且在组织内外由合适的人员/组织来解决(但往往发现问题的人并不一定是解决问题的最佳人选)，这样一来，问题就不会恶性发展成为威胁项目总体目标的大危机。但是，在发现问题会受到指责和惩罚的组织环境下，人们往往会把问题或者问题的真相掩盖起来，以便保护自己或推脱责任，是不利于项目管理的。

一个好的项目管理应是鼓励和提倡所有项目参与人员通过各种方式公开、轻松、不受任何拘束地提出问题和讨论问题，管理层能及时预见问题可能带来的危害性，及时组织合适的部门和相应的人员解决问题。阴影在阳光下无处遁形，问题管理的透明化是项目管理的至上之道。

2 规范管理

项目管理有很多模式，不管采取哪种模式，从投资机会研究、可行性研究、项目调研、项目展开、开车准备，到生产整个项目的生命周期的整体规划和运作执行，不是家庭式的管理，家长式的作风，不能搞一言堂，不能一人说了算，防止一把手权力的出现。对于规范管理，国际上都有非常成熟可靠的应用可以借鉴、参考和学习，以提高管理的规范性。

我国石化企业在大型炼化项目建设上认真探索重大建设项目管理模式的创新，通过借鉴、参考和学习，将国外先进的、成熟可靠的项目管理理论与国内工程建设实践相结合，创立了适用于我国石化企业重大工程项目管理的新的建设管理模式，即"IPMT+EPC+工程监理"项目管理模式，以提高管理的规范性。在项目管理模式上的探索与创新，是国外先进工程管理理论与我国工程建设实践相结合的成果。通过这种新的项目管理模式，达到优化工程组织，确保安全，提高工程质量，减少投资费用，加快工程进度，有力推动炼化重大工程建设项目实现又好又快的建设和投产。采用"IPMT+EPC+工程监理"的项目管理模式，充分发挥 EPC 优势，强化内部协调与配合，做到设计、采购和施工合理深度交叉，有效缩减建设周期。

规范管理要做到：决策程序化、组织系统化、奖惩有据化、业务流程化、管理行为标准化、绩效考核定量化、权责明晰化、目标计划化、措施具体化，形成统一、规范和相对稳定的管理体系流程。

3 团队合作

一个团体，如果组织涣散，人心浮动，人人自行其是，甚至搞"窝里斗"，何来生机与活力？又何谈干事创业？在一个缺乏凝聚力的环境里，个人再有雄心壮志，再有聪明才智，也不可能得到充分发挥！团队精神的重要性，在于个人、团体力量的体现，小溪只能泛起破碎的浪花，海纳百川才能激发惊涛骇浪，个人与团队关系就如小溪与大海。每个人都要将自已融入集体，才能充分发挥个人的作用。团队精神的核心就是协同合作。每一个人必须同他人合作，才能实现项目和个人的成功。

4 项目管理和专业管理的分工与协作

项目管理到底是一门科学还是一门艺术呢？所谓科学就是经过反复论证，输入和输出有必然规律的东西，种瓜得瓜；而艺术就是思想火花的闪耀，主要靠灵感。项目管理在国外是科学，80%是有规律可循的；在国内是艺术，主要靠个人魅力、感染能力等东西。学会了一些做事情的方式，只是搞懂了那个 20%的科学的东西，还有 80%的空间，属于见仁见智的领域了。所以，加强很多方面的个人能力，如练就出色沟通能力、提升自己的个人魅力，对于项目经理来说是多么重要啊！

另外，一个项目首先还是一个团队，专业分工是前提，岗位责任制落实是基础，分工不等于分家，两者并不矛盾。只是重点负责范围的界定，是职权的界定。团队成员都有着非常宽的专业背景，只要做好了岗位工作规划，再分别由不同专业背景人员负责细则制定，就将会得到相当不错管理文件；若能强化监管和沟通，相信成功已经一半。兵无定势，水无常形，世界上没有完美的项目组织模式，但有适合自己的项目模式。不管怎样，第一，要明确分工；第二，人员的合理安排；第三，提高每个人的责任感，努力做好一个项目。

5 应用先进的项目管理工具和软件

项目管理是基于现代管理学基础之上的一种新兴的管理学科，它把企业管理中的财务控制、人才资源管理、风险控制、质量管理、信息技术管理(沟通管理)、采购管理等有效的进行整合，以达到高效、高质、低成本地完成企业内部各项工作或项目的目的。

为了提高项目管理水平，赢得市场竞争，国际市场上拥有与国际接轨的项目管理人才，越来越多的业界人士正通过不同的方式参加项目管理培训，并力争获得世界上最权威的职业项目经理（PMP）资格认证。同时，大部分的IT行业项目管理人士正尝试使用项目管理软件对自己的项目进行辅助管理。

根据管理对象的不同，项目管理软件可分为：①进度管理；②合同管理；③风险管理；④投资管理等软件。根据提高管理效率、实现数据、信息共享等方面功能的实现层次不同，又可分为：①实现一个或多个的项目管理手段，如进度管理、质量管理、合同管理、费用管理，或者它们的组合等；②具备进度管理、费用管理、风险管理等方面的分析、预测以及预警功能；③实现项目管理的网络化和虚拟化，实现基于Web的项目管理软件甚至企业级项目管理软件或者信息系统，企业级项目管理信息系统便于项目管理的协同工作，数据/信息的实时动态管理，支持与企业/项目管理有关的各类信息库对项目管理工作的在线支持。

尤其对于大型项目，掌握先进的项目管理工具和软件的应用，就能有效掌握项目的计划和任务的执行，及时了解工作的进度和项目总体进度。

6 项目管理关键人员的招聘

项目管理中存在很多专业，可能会存在人手不够，力量不足的问题，可以适当考虑引进临时管理人员。但引进的人才一定要为我所用，亦精不亦多，要有目的性，不能盲目，一定要结合专业管理，突出重点。

7 开车程序的执行

大型设备、特殊设备、大型机组等都有相应的开工方案、试运规程，有了这些还不够，还得按规矩办事。毕竟来说，项目管理是临时的，专业管理才是长期的，开车程序要走专业化，不能随心所欲。譬如，对于大型机组的开车，就要制定并执行公司关于大型机组的开车管理规定。2013年12月10日，异构化压缩机的氢气负荷开车就是一个非常深刻教训。一定要避免今后再发生类似这样的事情，出了问题，可以探讨，但一定要严格按程序办事。

回顾海南炼化一期920万吨/年炼油项目和60万吨/年对二甲苯项目，从投资主体（业主）的角度出发，无论采取哪种工程项目管理模式，如工程项目管理承包模式（PMC）、总承包模式（EPC）或者一体化项目管理模式（IPMT）等，业主的项目管理能力是项目成功的核心，在业主的管理规划的能力的基础上，根据自身的情况，选择合适的工程承包管理模式，最大限度地发挥工程公司的作用。

在整个项目中，工程公司起着至关重要的主导作用，充分发挥设计在建设过程中的主导作用，有利于整体方案的不断优化；项目实施过程中保持单一的合同责任，在项目初期预先考虑施工因素，减少管理费用；能有效地克服设计、采购、施工中相互制约和脱节的矛盾，有利于设计、采购、施工各阶段工作的合理深度交叉；由于工程公司实行的是以项目管理为核心的原则，和强有力的手段，能有效地对质量、费用和进度进行综合控制；由于工程公司是长期从事项目总承包和项目管理的永久性专门机构，拥有一大批在这方面具有丰富经验的优秀人才，拥有世界上先进的项目管理集成信息技术，可以对整个建设项目实行全面的、科学的、动态的计算机管理，这是任何临时性的领导小组、指挥部、筹建处和生产厂直接进行项目管理无法实现的；从而实现业主所期望的最佳项目建设目标。

总之，由于我们工程项目管理的经验还不够，尤其是国际工程项目管理的经验严重不足，同时也由于我国有自己特殊的国情，因此项目管理在我国的发展过程中难免会遇到这样那样的问题，只有积极面对这些问题，并认清其发展方向，才能缩短与国外项目管理的差距，增强自己的竞争力。

第4章 案例与分析

首套国产化对二甲苯项目是中国石化"十二五"国产化"十条龙"攻关项目之一，具有里程碑意义。本章收集并整理了中国石化具有完全自主知识产权的海南炼化首套60万吨/年对二甲苯项目中主要设备从协议签订、设备制造、开箱检验、设备安装到开车调试过程中，遇到的问题，提出相应的若干解决方案，最终选择的是什么样的解决方案，目前还存在哪些问题等等，不一而足。重点对其中关键的转动设备前期管理中发生的一些主要事件的原因、过程及处理方案进行了较为全面和系统的分析，譬如，异构化装置离心压缩机组汽轮机在氢气负荷正常开车过程中，发生了轴振动高，是如何借助状态监测系统去分析判断的，最终确定汽轮机转子发生了热弯曲，是怎么处理的，结果如何；歧化装置往复压缩机组轴头泵是什么原因引起损坏的，有哪些改进的办法；热工系统蒸汽发电机组遇到的多次试车过程中，发电机的振动高；等等。此外，还有永磁调速风机组、磁力泵、多级泵和进口泵等转动设备在试车过程中又出现了哪些问题等，有哪些改进的建议？

本书希望通过对这些一个个具体的典型案例进行比较全面的深入的剖析，为今后的对二甲苯的国产化顺利开车提供一定的借鉴作用，少走弯路，另外，让大家在今后的学习和工作中也有所启发、有所帮助。

【案例1】 异构化压缩机组(102-K-701)

1 简介

对二甲苯项目中的异构化循环氢压缩机组(102-K-701)为异构化装置的关键设备，其主要作用是维持异构化反应所需的循环氢流量，为反应提供氢环境，同时取出部分反应热，确保异构化反应的正常进行。

异构化循环氢压缩机组配置如图4-1所示。

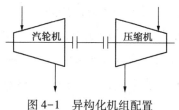

图4-1 异构化机组配置

机组采用双层布置，压缩机和汽轮机组成的主机组布置在压缩机厂房二层，油站、凝汽热井和集液箱的凝结水泵等辅机位于一层，空冷器等在厂房外另外布置。

异构化循环氢压缩机型号为BCL905，外机壳为垂直剖分式，内壳体属水平剖分式的双壳体筒型结构，压缩机主要由定子（机壳、隔板、密封、平衡盘密封、端盖）、转子（轴、叶轮、隔套、平衡盘、轴套、半联轴器等）及支撑轴承、推力轴承、轴端密封等组成，由沈鼓透平集团设计、制造。压缩机结构如图4-2所示。

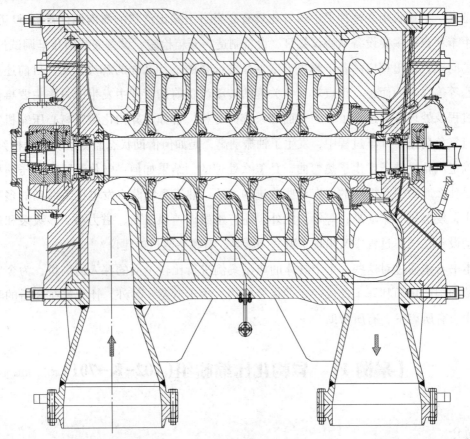

图4-2　BCL905筒型压缩机剖面

汽轮机型号为NK40/37/20，属多级反动低压蒸汽凝汽式透平，单侧进汽速关阀结构。汽轮机由进气段（常压、汽缸内半径为40cm）、排气段（转子末级根部动叶直径为37cm）、压力段（通流部分第1延长段的长度为20cm）等组成，机体采用积木块的设计理念，三个区段依据综合设计、加工等诸方面的因素形成有序整体，减轻设计工作量，同时尽量做到设备部件的通用化、系列化、标准化，设计周期短，制造成本低，结构紧凑，由杭州汽轮机股份有限公司设计制造。凝汽汽轮机的典型结构如图4-3所示。

设计合理的汽轮机滑销、热膨胀系统，是保证汽轮机良好运行的重要因素，该汽轮机的滑销、热膨胀系统的特点如下：

汽轮机前汽缸与前支座采用上缸猫爪连接，前轴承座通过偏心定距螺栓与前支座连接，该连接为活动连接，前轴承座与前汽缸通过拉杆螺栓连接，前支座通过地脚螺栓固定在基础版上。

排汽缸两侧的猫爪置于后支座上，后汽缸受热后通过两侧的横销实现横向膨胀。

前汽缸与排汽缸下方各有一只导向立键，保证汽缸轴向中心线不变的情况下实现轴向膨胀。

汽缸的绝对死点在后汽缸横销连线与两只导向立键轴向中心线的交点处。

转子的相对死点在推力盘上，汽缸受热膨胀向前伸长，通过与之相连的轴承座拉杆将前轴承座在支座上向前拉动，轴承座通过推力盘将转子同时向前拉动，从而使汽缸内的动、静部分的间隙基本保持不变，减少动、静部分的摩擦。

图4-3 典型的凝汽汽轮机结构

压缩机的轴端密封采用中间带梳齿的串联式干气密封，由于密封直径较大，采用进口产品，为英国约翰克兰密封有限公司生产的产品。干气密封结构如图4-4、图4-5所示。

盘车器采用电动液压冲击盘车器，位于汽轮机排气端，手动控制。

汽轮机的排出乏汽冷凝系统则采用板式湿式蒸发空冷，系统由空冷器、热井及热井凝结水泵、集液箱、射汽抽汽器、排汽安全阀等组成。汽轮机排出的低压蒸汽在空冷器中被凝结为水，汇入热井；而排汽管道和汽轮机各疏水点的凝结水汇入膨胀箱后进入集液箱，也汇入热井，最后由凝结水泵将热井中的凝结水送回系统回用。

空冷器一共有4跨、每跨有4组冷却管束，空冷风机一共有8台。热井凝结水泵为两台卧式水泵，一开一备。在热井凝结水泵的出口总管设有两个调节阀，一只控制出装置量，另一只控制返回热井量，将热井内凝结水控制在一定液位范围。在正常工

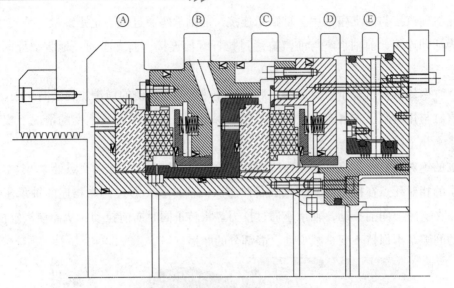

图 4-4　中间带梳齿的串联干气密封

图 4-5　串联干气密封结构

作中，热井的凝结水量大，其凝结水泵一台连续工作，如果热井的液位高于设定值，则备用凝结水泵自启动。两级射汽抽气装置抽出空冷系统内的不凝气，并维持空冷器翅片管的负压状态。

　　空冷器管束四层排列，采用 3 顺 1 逆，汽轮机排汽进蒸汽进口回流管，然后经内侧的 3 排管束冷却，蒸汽和不凝气一同进入下面的管箱，不凝气再经外侧的 1 排管束继续冷却，凝液向下与前面 3 排管束冷却下来的凝液一起回收，不凝气向上汇聚后经抽空器抽走。结构如图 4-6、图 4-7 所示。

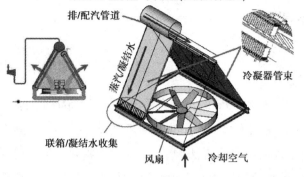

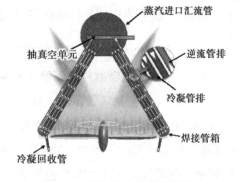

图 4-6　直接干式空冷器示意图　　　　图 4-7　直接干式空冷器结构图

压缩机与汽轮机由挠性叠片联轴器联接，压缩机和汽轮机安装在同一联合钢底座上。

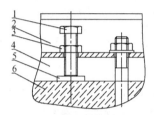

图 4-8　压缩机无垫铁安装图

1—顶丝；2—设备基础；3—固定螺母；

4—二次灌浆；5—垫板；6—基础

压缩机机组采用无垫铁安装，调整非常方便，载荷均匀，整体性好，具有经济、高效的特点。图 4-8 为典型压缩机无垫铁安装示意图。

二次灌浆采用无收缩专用灌浆料。地脚螺栓、联合钢底座的一、二次灌浆料均采用自流、自密、高强、无收缩的专用灌浆料，从根本上改善设备底座的受力状况，使之均匀地承受设备的全部荷载，完全满足无垫铁安装的要求。

专用灌浆料和无垫铁安装两者的有机配合，大大缩短了机组的现场安装时间，确保了机组的安装质量。

整个机组润滑系统采用强制润滑，润滑油站的两台润滑油泵强制给各轴承供油润滑和汽轮机控制调节使用。为防止油压波动，控制油管路上设有蓄能器。

2　试车时间(表 4-1)

表 4-1　试　车　时　间

序号	时　　间	项　　目	备　　注
1	2013 年 11 月 17 日	汽轮机单机试车	正常
2	2013 年 11 月 19 日	压缩机空负荷试车	正常
3	2013 年 11 月 27 日	压缩机氮气负荷试车并烘炉	正常
4	2013 年 12 月 6 日	压缩机停车	正常
5	2013 年 12 月 10 日	压缩机氢气介质开车	汽轮机振动高、手动停车，进汽室返厂
6	2013 年 12 月 13 日	汽轮机拆检	
7	2013 年 12 月 15 日	汽轮机拆检结果	部分梳齿损坏，平衡鼓汽封间隙达 1mm
8	2013 年 12 月 15 日	汽轮机拉去茂名，转至杭汽	
9	2013 年 12 月 21 日	汽轮机回装	进汽室下半体两边加垫 0.2×4＝0.8mm
10	2013 年 12 月 23 日	汽轮机单机试车	正常
11	2013 年 12 月 25 日	压缩机氢气介质开车	正常

3 设计、制造和安装中存在的主要问题

3.1 压缩机 BCL905 及干气密封

1）干气密封主密封气气源设计不合理

干气密封主密封气气源设计有三种气源：0.80MPa 的工艺介质出口气、2.5MPa 的管网氮气和 2.0MPa 的管网氢气，2.5MPa 的管网氮气和 2.0MPa 的管网氢气设计少了一个减压阀（氮气负荷停车后，增加了减压阀，由于选型不合适无法调节），导致主密封气流量等无法控制，超量程，用手阀节流控制阀门如果阀门开度太小，就会存在很大的风险，需要今后加以整改，这是其一。其二，2.0MPa 的管网氢气在异构化补充氢调节阀后，受系统补充氢的需要控制，需择机整改。其三，三种气源合并成一路 DN25 的管线后，到干气密封控制盘架距离约 10m 远的输送距离，距离大，不利于干气密封的供气压力和流量的稳定，在干气密封控制盘架旁加一个 0.3～0.5m³ 的缓冲罐比较合适，需提前做好设计，在今后的检修中加以实施。

在开工阶段，压缩机工艺介质是纯氢，相对分子质量小，压缩机进出口压差不大，影响主密封气的供给，为保险起见，干气密封还是使用管网氮气，但这会影响系统氢气的纯度，对异构化反应造成不利影响。在系统正常后，根据具体情况再来确认压缩机工艺介质进出口压差，看能否切换至工艺介质，需要相关专业来确认，一定要慎重，否则，如果干气密封的主密封气不能保证稳定，短时不会有问题，但抗干扰的能力差，对干气密封的正常运转构成很大的威胁，后果会非常严重。

这是属于设计院的设计问题。

干气密封运行最容易在开车阶段出现问题，干气密封分为本体和系统两个部分，在干气密封本体质量得到保证的情况下，一定要对干气密封的系统要给予足够的重视，首先从设计源头就要进行把控，要对整个包含压缩机前的分液罐在内的系统做认真深入地分析，其次才是精心操作。一定要切实有效地确保干气密封的主密封气的供气质量。

因此，系统设计时一定要把握以下三点：

一是保证干气密封的"干"，如果由于工艺的原因，主密封特别容易带液，尽管系统设计有除湿器或管线的蒸汽/电伴热，但当突然大量带液时是无法保证除湿效果的。为了减轻工艺波动造成工艺气主密封气的带液，压缩机的入口分液罐可以采用分液效果更好的叶片分离器代替破沫网。

二是保证密封气的"净"，避免杂质进入干气密封。

三是主密封气的气量，当主密封气为工艺介质氢气时或者系统太小的情况下，压缩机的进出口压差会比较小，主密封的密封气流量可能会量小、不足，需要对压缩机的梳齿密封的设计、取压点的设计及主密封气的管路压降等要加以综合考虑。

2）干气密封的安装轴向定位尺寸有偏差

干气密封在安装的过程中，发现压缩机在位于联轴器端的干气密封定位尺寸短 1.5mm，在位于推力端的干气密封定位尺寸长 1mm。

解决的方案有三个：

（1）方案一

把整个转子的轴向位置进行调整，把整个转子向推力端移动 1.2mm 左右（1.5mm+1mm 的平均值），可以同时满足两套干气密封的安装尺寸，但转子轴向位置是 3.5mm+2.5mm（向联轴器端窜量为 3.5mm，向推力端端窜量为 2.5mm），向推力端移动 1.2mm 后，转子轴向位置变成 4.7mm+1.3mm，这样一来，推力端动静间隙只有 1.3mm，推力端平衡鼓梳齿密封间隙变小，运行中可能会导致压缩机动静部分摩擦。尽管干气密封厂家再三认为这不存在问题，但我们认为这是非常危险的，存在很大的安全隐患。另外，联轴器的尺寸也加长了，需要重新设计联轴器，这会带来安装周期的加长，因此，该方案在安装时间比较紧张的阶段是根本不可行的。

（2）方案二

加工机壳相应部位的端面。但因压缩机尺寸太大，不可能拆下来，加之当地资源匮乏，机械加工能力严重受限，无法进行加工处理。

（3）方案三

把两端的干气密封腔的尺寸分别进行处理，位于联轴器端的干气密封定位尺寸短了，干气密封的压缩量增大，把干气密封的定位板减薄 1.5mm，由原厚度 11.9mm 修改为 10.4mm，最终尺寸变为 11.5mm，位于推力端的干气密封定位尺寸长了，干气密封的压缩量减少，需在轴的台阶上增加 1.0mm 厚的金属调整垫。需要让今后的干气密封的安装人员了解此事，避免出错，从而改变干气密封的弹簧压缩量，影响干气密封的长周期、正常运行。

经过反复权衡比较，最终选择了比较方便、稳妥、操作性强的方案三。

由于我们订购了压缩机备用转子，所以备用转子轴的台阶尺寸可直接在设计中修改过来，不需在安装干气密封时再加垫子。

干气密封定位板减薄 1.5mm 和加工的调整垫由茂名重力加工完成。

干气密封定位板和调整垫加工情况如图 4-9 所示。

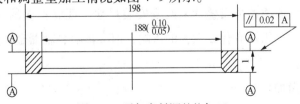

图 4-9　干气密封调整垫加工

这是压缩机厂家的设计制造不够仔细、不够认真的问题。

为了避免因压缩机设计或制造等引起的误差，导致干气密封的轴向定位出现误差，干气密封在设计时可以加上 1~2mm 的轴向定位尺寸调整垫，以防止压缩机厂家设计、制造方面出现误差，给现场安装带来极大方便。

3）干气密封仪表盘架内部、仪表盘架与压缩机之间的连接管道采用承插焊

干气密封对管道及系统的清洁度要求是非常高的，一是要求管道充分酸洗，二是要求干气密封仪表盘架内部、仪表盘架与压缩机之间的连接管道，采用焊接的地方，尽量不采用承插焊结构，而是采用对焊结构。采用承插焊结构容易在承插焊连接部位的缝隙中截留细小的硬质颗粒，对干气密封的安全运行构成严重威胁，因此今后在协议的签订过程中一定要强调管道连接这方面的事情。

为了减轻管道承插焊带来的危险，本次在管道焊接中采取了一些非常严格措施：

一是在管子与管件、管子之间焊接前，切割后的管子管口端面先要打磨光滑，确保没有因切割留下的细小毛刺；

二是对管线酸洗后，进行正向、反向反复先用蒸汽吹净，再用压缩空气吹干，空负荷试车后，干气密封安装前，再用压缩空气吹，确保管道系统的洁净度和干燥。

干气密封仪表盘架内部及连接管道的焊接属于干气密封厂家。

仪表盘架与压缩机之间的连接管道的焊接属于设计院的设计问题。

4）干气密封氮气密封一组过滤器内有小木块

拆开干气密封氮气密封过滤器滤芯，发现其中一组有一约 $\phi 8 \times 20$ 的小木块，滤芯压在小木块上，滤芯底部就有缝隙，密封气会走短路，会导致过滤器失效，这对密封气洁净度要求很高的干气密封来说是非常危险的。

该干气密封仪表盘架是原装进口，仍然会发现这么大的异物，这不是偶然的，湛江等公司也曾出现过，所以，绝对不能迷信进口设备。不管怎样，一定要对进口干气密封的管道过滤器等进行严格仔细的检查。

这是干气密封厂家的问题。

5）联轴器制造尺寸有偏差

联轴器设计有 8 块 0.4mm 厚的调整垫，全部都用上了，调整垫片不能增加，只能减少，这是一种不合理的设计。联轴器中间接筒图纸要求尺寸为 941mm，实际为 942mm，大 1mm，现场无法通过增加调整金属叠片来改变安装尺寸，现场本次的安装尺寸不能做到与设计尺寸一致，尽管对机组没有什么太大的影响，但会影响联轴器金属叠片的使用寿命。

有三个解决方案：

方案一：中间接筒加长；

方案二：两侧各增加一块厚度为 0.4mm 的金属叠片，但联轴器螺栓加长，这一点需与

联轴器厂家进行沟通协商；

方案三：暂时维持不变。

由于尺寸差别不是太大，对联轴器使用寿命影响有限，暂时维持不变，即采用方案三。存在的问题可以安排在下一周期检修中实施整改。所以，在设计联轴器的时候，联轴器的尺寸应该是中间某个尺寸，便于现场可以通过增、减金属叠片来调整联轴器尺寸。

这是联轴器厂家的问题。

6）压缩机猫爪垫板现场配钻定位销遗漏

压缩机联轴器端压缩机两侧的猫爪下面的垫板，需在现场压缩机定位后配钻定位销，是安装遗漏了，需择机加以整改。

目前采取的办法是把螺钉与垫板、垫板与支座间点焊，临时固定。

这是属于现场安装问题。

7）压缩机的两侧端盖设计

压缩机的两侧端盖设计主要有两种结构型式：

一是目前的大法兰式的结构，这是一种老式的传统的结构，体积笨重，制造复杂，安装、检修非常不便。

二是卡扣式的连接，其结构简单，制造成本低、安装、检修十分方便，沈鼓集团机型为 BCL600 以上即可选用该结构。

本次我们是这么要求的，但为什么最终没有选用呢？是因为设计懒得去多花 3~4 天的时间去重新设计，所以，今后遇到这样的情况一定要据理力争，促进设备设计工作的改进与提高。

这是制造厂的设计问题。

8）油系统管线的油冲洗、油循环和泄油措施需完善

在压缩机首次安装完成后，润滑油管道系统的油冲洗、油循环是非常重要的一步，这直接涉及到机组能否尽快正常开车，能否长周期安全稳定运行，因此，润滑油管道系统的油冲洗、油循环一定要严格把关，不能有丝毫的马虎和幻想。在该过程中，反复检查滤网是正常的，但因为润滑油总管出口和控制油等都装有单向阀，因此，如何泄油可能是一个比较棘手的问题，设计上一般没有或很少考虑，如果考虑不周，会造成很大的油污染。因此，可以在签订技术协议时就对油系统提出一些要求：

一是润滑油管道　在油站润滑油管线出来的立管上增加一个 1in 的法兰阀，法兰阀位于油箱的上方即可。在油箱上盖可以设计两三个 2in 或以上的法兰盖，这样可以在停止油冲洗、油循环，检查滤网的时候，拆除附近的 1in 法兰盖，就可以把润滑油立管上方的润滑油通过增加的 1in 的法兰阀用临时胶管接到油箱上盖 2in 或以上的法兰孔，最大限度地把位于油箱上方的润滑油管道的润滑油快速直接泄回到油箱。

二是控制油管道　可以在控制油位于压缩机厂房二楼的单向阀上增加一个 1in 的法兰旁通阀，旁通阀尽量位于管道的下方，这样可以在停止油冲洗、油循环，检查滤网的时候，可以打开该旁通阀，把控制油管道单向阀后的润滑油尽量泄尽。

这是设计院的设计问题。

9）控制油、润滑油的油压调节困难

机组油系统设计了一个油泵出口总管返油箱自力调节阀，润滑油管路油压自力调节阀。通过调节总管返油箱自力调节阀来间接地调节控制油压力，润滑油压力则是通过润滑油管路油压自力式调节阀节流调节。由于管道设计的原因、调节阀选型不合适以及相互之间的匹配等存在问题，导致控制油、润滑油的油压调节起来相互影响，油压调节非常困难，有时不得不采用手阀进行调节，违背了设计调节阀的初衷，设计上存在一定的问题。

解决方案：可以直接在总管上设计一个压力可调溢流阀，润滑油和控制油的管道上分别设计返油箱调节阀或者是自力式调节阀，这样就能够分别进行调节，非常方便，调节更合适。

这是设计院的设计问题。

10）其他属于设备制造厂的问题

（1）油冷器切换机构设计没有按照技术要求，仍然采用多阀切换，切换不方便。

（2）蓄能器没有按照技术协议的要求加孔板副线，可以在蓄能器投用时防止油压波动，现场整改。

（3）油过滤器没有按照技术要求进行酸洗。

（4）所有径向瓦的埋探头孔与轴承体的孔不同心，无法正常埋入测温电阻。

（5）压缩机工厂试车拆检回装时，驱动端径向轴承反向了 180°，轴承盖内侧属于铸造结构，轴承盖表面太难看，应稍微加工处理一下。

（6）径向瓦进行现场着色检查，发现有一块巴氏合金层与基体结合部位存在 10mm 左右长的裂纹，制造厂没有进行质量检测或者没有发现。

（7）轴瓦测温等引线出口不是按照技术协议的要求在上轴承盖，容易引起润滑油从引线渗漏出来。

（8）推力端轴承箱与压缩机端盖上的管线干涉。

（9）设备装箱时没有把开车件和安装件分别装箱，标识不清、摆放凌乱。

（10）油站阀门多采用截止阀，容易损坏不符合技术协议要求的闸板阀。

（11）压缩机与汽轮机之间的轴承箱盖设计不合理，拆卸十分困难。

（12）没有按照技术协议的要求提供完整的技术资料。

对于首次调试和试运行压缩机来说，最重要的当属干气密封，干气密封及系统再怎么重视、再怎么要求都是不为过的。无论是系统的设计、设备现场的安装、过程的检查以及初期的开工，很多事故的发生就是其中的某一个环节出了问题。应该说，这次异构化压缩机干气密封的所有环节的把控还是到位的，确保了干气密封的正常投用。

3.2 汽轮机方面

总体上讲，异构化汽轮机的设计制造不存在什么大的问题，但在安装试车中发现的一些小的问题需在今后的订货中加以注意。

1）控制油系统的配管设计有待更合理、更完善

本次汽轮机控制油系统的配管设计是杭汽首次采用卡套连接的型式，控制油系统管线全部在制造厂预制，这样的设计对漏点消除、现场整洁、外形美观很有好处，但也有一些需要注意的地方：

一是配管的卡套连接接头最好不放在位于底座的水平管上，放在立管上，避免踩踏，损坏接头。

二是现场施工人员对安装卡套连接接头的核心要点不清楚，容易出现卡套连接接头松脱，这是非常危险的，在机组正常运行的过程中，如果卡套连接接头松脱，会造成非正常停机。

三是配管管排最好加防护，保护管线。

四是设置适当的管卡固定，尤其是卡套接头前后这一段管。

2）排汽管段的方形法兰密封面设计需改进

汽轮机排汽管段的法兰密封面设计为方形法兰，只能在现场手工剪切石棉类垫片，这对钳工和管工的安装水平提出了很高的要求。如果该处修改为 O 形圈设计，对安装的要求就会大大降低，法兰的密封性和可靠性也会大大提高。

这是设备制造厂的设计问题。

3）排汽方形法兰处的基础设计需考虑

受到汽轮机与压缩机之间的联轴器长度的限制，位于联轴器侧的汽轮机排汽方形法兰，大部分与基础一般靠得比较近，尤其是在排汽端一侧，基础设计要考虑安装汽轮机的缸体立式导向键，所以这一侧的空间比较狭小，一旦汽轮机排汽法兰出现泄漏，想要紧固或更换垫片将是非常困难的。所以，在进行压缩机组的基础设计时，可以考虑设计成台阶的型式或者中间凸出的型式，台阶下小上大，一是兼顾联轴器的尺寸不能设计过长、汽轮机的缸体立式导向键的安装固定，二是便于留出扳手空间。

这是属于设计院的设计问题。

4）设备接口非标垫片设计需改进

控制油、润滑油的一些小的管线与设备的接口采用非标的方形法兰设计，不合适设计成标准垫片，给现场更换配件带来一定问题，可以改为 O 形圈密封设计，可以极大方便现场的工作。

这是设备制造厂的设计问题。

5）推力轴承型式不符合技术协议要求

推力轴承实际提供的是米歇尔轴承，结构见图4-10，不是技术协议要求提供性能更好、更加稳定的金氏伯雷轴承，结构见图4-11、图4-12，违反了技术协议的要求。

这是设备制造厂的问题。

图 4-10　米歇尔推力轴承结构

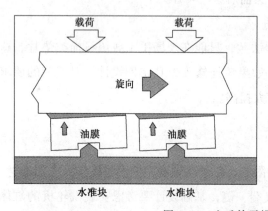

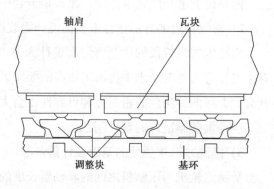

图 4-11　金氏伯雷推力轴承结构及原理图

6）凝汽凝结水系统设计需完善

凝汽系统的热井凝结水设计有两条线，一条是外排线，一条是返回线，返回线的大小从设计上看好像没有多大用处，但在开工时还是非常有用的，否则，在开工初期，如果凝结水外排管线能力不够，返回线太小的话，泵的流量太小，泵根本无法正常运转。另外，如果系统配合设计合理的控制方案，即两条线的控制阀开度采用较为合适的重合度，这对热井水位的

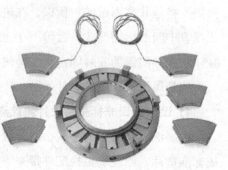

图 4-12　金氏伯雷推力轴承

稳定控制是非常有好处的。

返回线管线不长，因此，外排和返回两条线及调节阀最好设计成等径，这对成本的增加是微乎其微的。

7）汽轮机缸体的保温需改进

目前，汽轮机的缸体采用稀土保温，由 A 型板料和 B 型粉末料组成，可采用冷态或热态施工法，保温根本没有强度，不便于检修和维护。可以采用类似高温防火涂料，一方面保温牢固度非常高，另一方面也可以起到很好的保温效果。这方面的技术可以与汽轮机厂进行进一步的研究和探讨。

这是设备制造厂的问题。

8）汽轮机控制油蓄能器很重要，不能太小

机组油系统有两路：一路是润滑油系统，供各轴承使用，一路是高压控制油系统，供汽轮机转速调节及事故停机用。系统设计了润滑油蓄能器和汽轮机控制油蓄能器，润滑油蓄能器无关紧要，但汽轮机的控制油的稳定是非常重要的，当发生晃电等，特别是机组最为关键的控制油压会产生较大的波动，当控制油压力低于汽轮机速关阀的弹簧控制压力时，会导致速关阀因机械动作关闭，而非联锁关闭，从而造成不必要的停机，给生产带来巨大损失。

为了避免或减轻类似晃电这方面的影响，汽轮机控制油管路蓄能器的容积不能小于100L，一般可选容积 150L，对于功率比较大的机组，甚至可以选用两个容积为 100L 的蓄能器，并列安装。

9）其他属于设备制造厂的问题

（1）漏气、汽封的调节阀摆放位置不合理，不要跟润滑油管线放在一起，最好放在地面。

（2）漏气、汽封的轮室疏水与均压箱应采用法兰连接，不要现场进行焊接。

（3）漏气、汽封的轮室疏水线现场无法安装，可以在出厂前把管线配好，戴上活接头。

（4）蓄能器的管线与油管线无法连接，预制后没有试装，预制管线要试装。

（5）装箱没有把开车件和安装件分别装箱，标识不清、摆放凌乱。

（6）没有按照技术协议的要求提供完整的技术资料。

3.3 润滑油站润滑油泵拖动用小汽轮机

润滑油站润滑油泵拖动用的小汽轮机是美国埃利奥特公司（Elliott）生产的小汽轮机，该产品在技术上非常成熟，质量上非常可靠，结构相对合理，易损件少，使用寿命长。

该小汽轮机的设计特点是：

（1）采用速度级汽轮机。为了提高汽轮机的经济性，单级汽轮机采用速度级汽轮机，即在第一列动叶栅后安装一列导向叶栅，蒸汽从喷嘴出来后，经过第一列动叶栅后，在导向叶栅改变流动方向后在进入装在同一叶轮上的第二列动叶栅继续做功。这样，从第一列动叶栅流出的蒸汽所具有的动能又在第二列动叶栅中加以利用，减少动能损失。

（2）为了避免轴承受小汽轮机内的蒸汽热辐射的影响，轴承体外都设计有内、外抛油环，确保轴承在良好的润滑环境运行。

（3）水套式轴承体不安装阀门就能排放。

（4）转子采用定位轴承定位，转子已处于最佳的位置，不用调整。定位轴承安装在透平轴肩上，并嵌入进汽端轴承箱里的一个凹槽内，数控加工的元件无需用调节垫片来定位转子。轴承带一个防旋转的凸台，其凸台由轴承盖锁定到位或者轴承带止动槽定位。

（5）入口蒸汽室完全隔绝以保护操作人员。

（6）单独的汽封体结构。汽封体和汽缸是分离的，用螺栓固定在汽缸上。因此只要打开汽封体的上半部就可检查及更换碳环密封，不用拆卸沉重的汽缸盖、转子以及汽封体的下半部，拆卸、安装十分方便。

（7）采取独立的轴承体支架支撑方式，可消除壳体受热膨胀引起的轴不对中，容易安装，确保冷热对中。

（8）进汽端轴承体有摆动脚的设计能吸收汽轮机的轴向受热膨胀。

小汽轮机结构如图 4-13 所示。

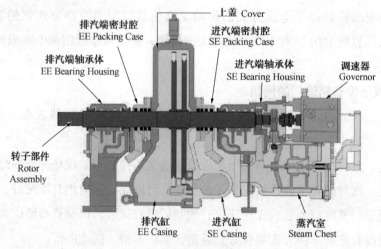

图 4-13 小汽轮机结构设计

汽轮机转速的调节一般选配 WOODWARD 公司生产的调速器；功率稍微大一点、调节精度要求高一点的小汽轮机的转速调节可以选用 WOODWARD 公司生产的 PG-PL、PG-D 等型式的调速器；调节精度要求不高的情况下，则选用精度稍微差一点的，如选用 TG-13、TG-17 有差调节的型式调速器，其结构非常简单，易损件少，运行也十分可靠。

调速系统的动力油油泵采用内啮合齿轮泵，它具有尺寸紧凑、结构简单、运转平稳、噪声小和良好的高速性能等优点。

调速器工作原理是：调速器通过联轴节由汽轮机驱动，油泵的内齿轮通过键与调速器传动轴和套筒连接。油泵从油池中吸取油，通过壳体内部的通道通往其他地方，有一路油通往蓄压室。在额度转速时，调速器蓄压室溢流阀保持一个稳定的运行压力。在稳态运行中，过高的压力会压缩蓄压室弹簧，油会释放到油池里。速度和离心力的改变将会使离心飞锤向外或向里移动。这将向上或向下移动柱塞，取决于速度是增加还是减少。柱塞的移动将打开控制口，油就会排放到油池或通往动力活塞的下方。在动力活塞往增加燃油方向移动时，蓄压室用它储存的高压油来补充系统油的供应，以维持调速器的工作能力。

调速器原理如图 4-14 所示。

内啮合齿轮泵如图 4-15 所示。

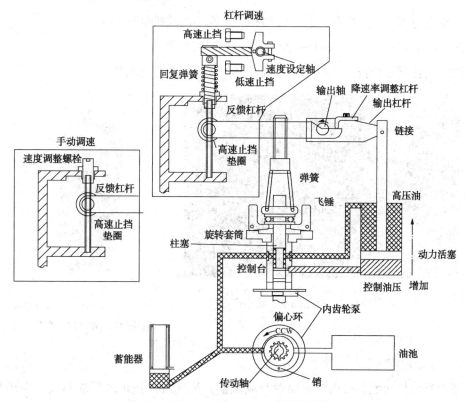

图 4-14　WOODWARD TG 系列调速器原理图

浙江温州嘉利特佳原泵业公司于 2008 年与 Elliott 公司签约合作，引进其 YR 型工业汽轮机项目，但其主要部件如叶轮转子不能设计，仍是直接进口，汽轮机的主要设计方仍然是美方，国内仅是做些小汽轮机的壳体的设计、制造及成套等技术含量不太高的外围设备。因为调速器是一种纯机械式的，而不是电子的，所以，在首次进行小汽轮机的单机试运转的时候，它的调速和调节性能可能与说明书不一致，是随机的，需要去认真分析、去判断，有的时候只需要在开机后拍停一次，再去开的话，调速器活塞停留位置又发生了改变，转

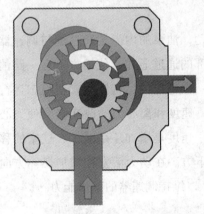

图 4-15　内啮合齿轮油泵结构示意

速调节的范围又发生了改变，这是很正常的，很多人对此根本不理解。纯机械式的调速器的小汽轮机在单机试运转的时候，试它的什么？不是调速器的调节性能，而是小汽轮机的纯机械性能，明白了这一点，后面的事情就好做了。

图 4-16、图 4-17 为汽轮机和调速器的实物图。

在这里提出两个问题：

问题 1：配小汽轮机的必要性？

由于炼化行业对工厂供电的稳定性非常重视，一般设置两条完全独立的供电电源，因此，对于炼化厂的供电来说，供电电源的稳定性和可靠性大幅提高，配小汽轮机没有太大必要。

问题 2：选用纯进口的，还是嘉利特茌原合资生产的？

选用嘉利特茌原合资生产的小汽轮机，可以有很好的售后服务。

图 4-16　异构化机组油站油泵驱动小汽轮机

图 4-17　异构化机组油站油泵驱动小汽轮机调速器

3.4　对中找正方面

压缩机和汽轮机之间采用双金属叠片联轴器，虽然对中找正的要求不高，但还是要认真对冷态对中曲线加以确认，主要是考虑垂直方向的热膨胀。机组的转子冷态对中找正是压缩机组安装的一个非常重要的方面，直接关系到机组的运行好坏，关系到轴承和联轴器的使用寿命。所以，机组在对中找正方面要特别注意以下几点：

(1) 机组转子冷态对中曲线的再确认

设备总成厂家给出的冷态对中曲线是机组对中的原始依据，当然我们不能迷信厂家计算的冷态对中曲线，需要进行一个初步的估算，要在现场查看结构和布置方式，然后进行分析，至少方向上不能出错。有的总成厂家给出的机组冷态对中曲线甚至是错误的，这就需要我们把我们的想法与厂家进行耐心有效的沟通。

（2）热态对中复查

这是验证冷态对中曲线计算是否正确、合适的最好手段。可惜，由于开车时间紧等多种原因，这个项目的几台机组的热态对中曲线都没有进行复查，尽管机组的振动等方面不错，但并不代表冷态对中曲线计算准确，这个方面的情况不得而知。

3.5　容易忽视的细节

按照说明书的要求，按照制造厂提供的出厂安装记录去检测、去复查无疑是正确的，也是必须的。但不是全面的，还需要对轴窜量等一些看似不重要、没有做要求的参数也要进行测量、做好记载，便于今后的问题分析和其他用途。譬如，这次异构化压缩机安装干气密封，就遇到了这个问题，是否能够改变轴在定子中的相对位置，就需要权衡决断了，可不可以？依据是什么？轴的左右窜量，对于汽轮机而言，特别是背压汽轮机，热膨胀的影响太大了，有时可能因为汽轮机的设计参数搞错了或者不准确，汽轮机运行后会导致动静部分的摩擦，因此，轴的左右窜量是否合适是至关重要的。

此外，还有轴瓦厚度的测量等也不能遗漏，这是下次检修检查轴瓦是否磨损的依据，等等。

4　调试及开车试运行

2013 年 12 月 25 日 17：40，异构化压缩机进行事故处理后的再次开机，压缩机轴承处轴的振动都在 10μm 以下，汽轮机轴承处轴的振动在 13μm 以下。但压缩机的前后径向瓦及推力瓦的温度都在 80℃以上，最高温度达 98℃，转速高时甚至超过 100℃，但轴瓦温度还是一直保持稳定的，不会继续上升，压缩机仍然能够稳定运行，但会影响轴承的使用寿命。

5　问题分析

问题 1：压缩机轴瓦温度偏高

压缩机前后径向轴瓦温度和推力瓦温度都偏高，随着转速的降低，轴瓦温度会有所下降，但下降不多，瓦温还是偏高。压缩机的负荷大小、润滑油油温、油压的大小、安装质量的好坏等对轴瓦温度的影响基本可以排除，轴承本身设计上存在一定的问题的可能性是比较大的，对于轴承本身的设计有如下几个方面的因素：

一是轴承本身的设计承载能力偏小，这一点可以由轴承的设计比压来确定；

二是轴承设计进油间隙偏小等，导致进油量不足；

三是轴承设计的泄油能力不够，需要与制造厂的轴承设计沟通了解相关设计参数，进一步核实。

以上几点，都是引起轴承温度高的原因，具体原因还需要下次拆装时测量轴瓦径向间隙以及设计经过分析计算。因此，轴承本身的设计问题还需要做进一步的工作，了解问题的根本原因所在，以确定问题的最终解决方案，最后，根据情况择机进行处理。

问题2：转速达到5454r/min时，汽轮机位于联轴器端的轴振动高达150μm

1) 事故经过

2013年11月17日，汽轮机进行单机试车；11月19日，汽轮机带压缩机空负荷试车；11月27日，汽轮机带压缩机氮气负荷试车。上述三次试车，汽轮机和压缩机的机械性能都非常良好。12月10日，压缩机氢气介质正常开车，当汽轮机转速升速至5440r/min时，稳定运行约7min后，汽轮机转子的轴振动通频峰峰值在1min时间内突然升高：进气端Y方向轴振动由24μm升高至91μm，排汽端Y方向轴振动也由32μm升高至175μm，因此，被迫手动紧急停机。2min后，机组转速降至126r/min，而此时汽轮机转子进气端轴振动的通频峰峰值仍高达86μm(Y方向)和117μm(X方向)。但是，启动过程中此转速下汽轮机转子的轴振动通频峰峰值却只有9~10μm。

2) 拆检情况

2013年12月13日开始对汽轮机进行了拆检，首先，断开汽轮机与压缩机之间的联轴器，然后拆开汽轮机两端的轴承箱盖，对汽轮机的径向瓦、推力瓦的磨损，轴两端的跳动，推力盘跳动等进行了全面检查。检查结果是除推力盘跳动实测值是0.01mm，大于0.005mm的技术要求，仅此一项超标，其余相关指标均在技术要求范围内。尽管推力盘跳动偏大，有点瓢偏，但不影响汽轮机正常的运行。

最后，商量决定，还是对汽轮机进行揭缸检查。从打开的情况来看，高、低压缸各处汽封都有轻微的磨损，平衡鼓处汽封也发生了一定程度的磨损，但该处磨损最为严重，其汽封顶间隙值由出厂值的0.30mm上升到1.05mm，进汽室的上半部分发生了较为严重的变形，进汽室上、下两半部分合好后，检查中分面的情况，最大间隙达0.70mm。判断进汽室上半部分发生了中间向上、两侧向内的弓形变形。

2013年12月15日晚，经汽轮机制造厂杭州汽轮机股份有限公司确认，汽轮机的进汽室的上、下两半的中分面应上磨床分别进行打磨处理，然后，把进汽室上、下两半部分合好后，再对汽封内圆进行车圆处理。12月17日，把汽轮机的进汽室的上、下两半一起送至杭汽进行处理。处理的结果是：进汽室的上、下两半中分面一共合计磨去0.70mm，进汽室上、下两半所有原来的汽封全部剔除，重新更换新汽封。12月21日上午运回厂，汽轮机开始回装，进汽室的下半两侧各加调整垫4×0.20mm=0.80mm，测量平衡鼓上、下汽封间隙，上、下值分别约0.40mm，完全符合出厂要求。

3) 故障诊断和原因分析

图4-19所示为机组启动过程的汽轮机转子的振动通频值与一倍频幅值和相位随时间的变化趋势。由图可以看出，在短短的几分钟内振动迅速升高，排汽端Y方向的轴振动最

高接近 $190\mu m$，进汽端 Y 方向的轴振动也高达 $100\mu m$，且振动分量几乎都是一倍频分量，而且一倍频振动的相位也同时产生了较大的变化。但是转速却一直稳定没有变化（在显示屏上，图 4-19 有数条彩色曲线，其中蓝线表示转速）。

根据这种现象，可以初步判断造成汽轮机转子突然强振的可能原因不外乎以下三个：

一是汽轮机下缸下面的 U 形平衡管底部有一根 $DN15$ 的接至疏水膨胀箱的疏水线，可能忘了疏水或者疏水不到位，水突然进入转子，引起振动；

二是由于保温不好、暖机时间不充分、不均匀或者停盘车过早等导致汽缸上下形成一定的温度差，转子静止时间过长，或者发生动静摩擦，导致转子发生了热弯曲变形，即这种热弯曲发生在汽轮机转子运转前；

三是两方面的综合因素，即热态的运转转子突然遇到冷水，使转子发生了热弯曲，即转子的热弯曲发生在汽轮机转子运转过程中。

（1）可能原因 1：汽轮机平衡管没有疏水或者疏水不到位

汽轮机平衡管位于汽轮机下缸下面，一端连接在高压端，位置在汽轮机的调节级和平衡鼓之间，一端连接在高低压缸之间。如图 4-18 所示。平衡管为 U 形结构，U 形结构的底部有一疏水阀，通过该疏水阀把平衡管中的凝结水排放至疏水膨胀箱。

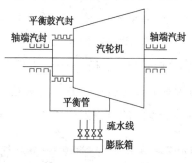

图 4-18　汽轮机平衡管结构

在开机前，如果把汽轮机的平衡管没有疏水或者疏水不到位，汽轮机运转时，进汽室的高压蒸汽经平衡鼓泄漏到平衡管高压端，由于平衡管中的凝结水的水封作用，泄漏到平衡管高压端的蒸汽不能经平衡管到达低压端。随着转速的不断升高，平衡管高压端的蒸汽压力也

会越来越高，当平衡管高压端的蒸汽压力上升到大于平衡管低压端蒸汽压力加水封压力后，平衡管高压端的蒸汽就会把 U 形结构平衡管底部的凝结水突然压至低压端，造成汽轮机低压端后几级叶轮与水接触，在凝结水突然被冲破的瞬间，转子轴向力和转子的状况都发生了比较大的变化，引起汽轮机的突然振动。同时，由于平衡管高压端的蒸汽无法通过平衡管到达低压端，平衡管高压端的一部分蒸汽会泄漏到轴端汽封，轴端汽封的蒸汽量加大，两端冒汽管的排出蒸汽增多。

（2）可能原因 2：汽轮机转子在运转前发生了热弯曲

从上面的事故经过可以看出，汽轮机转子起初是好的，轴的振动和轴瓦温度等参数完全正常，没有发生热弯曲的情况，但在氢气负荷正常开车的过程中，突然发生了汽轮机的轴振动加大的情况，因此，从上述过程可以判断，汽轮机转子在运转前没有发生热弯曲。

（3）可能原因 3：汽轮机转子在运转过程中发生了热弯曲

我们先来分析一下转子发生热弯曲的现象。

表观现象：转子发生热弯曲后，转子会产生挠曲。汽轮机开始运转，在转子自转的同时，挠曲曲线同时产生进动运动，由于挠曲，使转子质心也相应发生了偏离，从而对转子产生了不平衡力，平衡力大小的不同，反应在转子上的轴振动也不同。

振动特征：

① 频谱图　从某种程度上来说，转子发生热弯曲后，转子表现出与不平衡相类似的频谱特征，即频谱图中谐波集中于基频，有时会出现较小的高次谐波，使整个频谱呈现所谓的"枞树形"。此外，转子的轴心轨迹为椭圆，从轴心轨迹观察其进动特征为同步正进动等等，都基本差不多。

② 时频图　由于转子发生热弯曲与不平衡是不一样的，一是热弯曲可能是不稳定的，二是热弯曲与转子质心偏离方向可能不一致，因而挠曲曲线的同步进动频率与转子的自转频率可能并不完全一致，即在工频附近可能出现两个峰，但两个峰靠得很近，又很难区分，有可能在工频处只能见到一个峰。因此，如果再辅助以时频分析加以考察，在工频处就可以观察到两个峰，这是热弯曲故障所特有的频谱特征。

③ Bode 图　由图 4-19 可以看出，汽轮机转子在整个升速过程中振动幅值一直变化不大，通频振动峰峰值在 15μm 以内，一倍频幅值的峰峰值在 20μm 以内。没有明显的临界转速区域。只是在 4000r/min 以后振动略有增加，但也不明显。而由图 4-20 看，压缩机转子系统在升速过程中，有较为明显的临界转速区域。因此，此 Bode 图表明，在升速过程汽轮机转子系统的刚度发生了改变，汽轮机转子系统存在隐含的故障——碰磨或卡涩等。

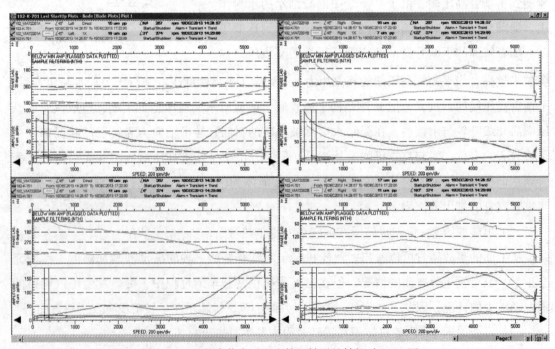

图 4-19　机组启停车过程汽轮机转子的轴振动 Bode 图

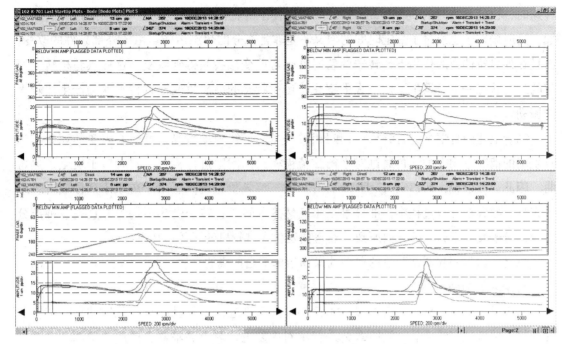

图 4-20 机组启停车过程压缩机转子的轴振动 Bode 图

因此，结合频谱图、时频图以及 Bode 图的这一特征，可以成为诊断转子是否发生热弯曲故障的基本方法和判定准则。

当机组运行转速达到 5454r/min 时，虽然转速稳定，但是汽轮机转子的轴振动通频值、一倍频的幅值与相位均发生了改变。特别是汽轮机转子进气端的轴振动通频的峰峰值高达 150μm。这表明，汽轮机转子发生了临时性弯曲（热弯曲）。因此，被迫手动紧急停车。

再从图 4-20 的停车过程看，汽轮机进气端的振动幅值与相位均无法回到启动时的数值，在 200r/min 下，进气端轴承的两个方向振动通频峰峰值分别达到 60μm 和 80μm，其中一倍频幅值峰峰值更是分别超过 80μm 和 100μm。其中 X 方向的甚至比 5454r/min 时还要大得多。这也表明汽轮机转子已经发生了弯曲。

4）结论

当汽轮机转子发生暂时性热弯曲时，这种弯曲是一种弓状弯曲，汽轮机运行时，热弯曲产生的形变必然导致动静部分发生摩擦，动静部分的汽封就会产生不同程度的磨损，弯曲的形变小，磨损小，弯曲的形变大，磨损大。当转子不平衡时，汽轮机的振动是与转速是关联的，当转子发生热弯曲时，汽轮机的振动与转速是没有关联的，而与转子本身的性质有关。

汽轮机组开始运转后，当压缩机的负荷较低时，尽管汽轮机转子的热弯曲形变一直存在，热弯曲形变尽管没有得到恢复，但热弯曲程度并不严重，形变不大，所以，轴的振动并没有表现出来。但当负荷增大后，即转速从低速暖机状态快速越过临界转速增大到一定转速时，也就是当时的 5454r/min 后，汽轮机转子的轴向负荷即轴受到的轴向拉力大幅增加，这时候转子也经过了一定时间的但又不是非常充分的热态运转。由于外部条件的改变，而且在外界拉伸力的作用下，转子的暂时性热弯曲变形瞬间得到恢复。这样汽轮机转子原有的运行状态一下子发生了比较大的变化，运行状态的突然改变导致转子就会产生比较大的振动。

结合上述两种情况进行分析，询问相关人员，了解现场情况，可能原因 3 的现象与当时现场的情况是吻合的，再通过对平衡鼓梳齿密封的间隙进行检查，同时转子发生了热弯曲。因此，可以说，2013 年 12 月 10 日开机时，汽轮机振动高是由于疏水不到位或者疏水不充分，导致在开机过程中，部分凝结水突然进入转子，转子受热不均，并且是一种部分急冷，转子发生了暂时热弯曲所致，热弯曲发生在汽轮机转子的运转过程中。

总之，这是一起非常明显的典型的操作指挥不当造成的事故。

5）采取的措施

基于以上分析，首先，于 12 月 23 日，对汽轮机进行了单机试车，单机试车的结果非常理想，单机试车结束后，机组重新进行了对中复查，装上联轴器，然后，于 12 月 25 日进行压缩机的氢气介质正常开车。

热弯曲性质：转子发生热弯曲，这样的弯曲可以是永久的，是永久性热弯曲，它是不可能得到恢复的；弯曲也可以是暂时的，是暂时性热弯曲，如果操作得当，根据发生热弯曲的严重程度不同，这样的热弯曲是可以得到部分甚至完全恢复的。

针对汽轮机转子发生的暂时性热弯曲，无论是单机试车、还是压缩机氢气负荷运转，在开机过程中，严格切实采取了如下措施：

① 暖机前，对汽缸重新进行初步保温，保证在启动及正常运行过程中上、下汽缸不产生过大的温差。

② 无论是汽轮机单机试车，还是压缩机氢气负荷运转，在汽轮机的启动过程中，都适当延长了低速暖机时间，大于正常的暖机时间，分别是转速 1000r/min 时 60min，1500r/min 时 40min，2200r/min 时 40min，然后跨过临界转速，再正常升转速。这样做的目的有两个：一是有利于发生过暂时性热弯曲的转子再次得到充分恢复，二是便于机组的全面检查，并避免暖机不充分造成汽轮机汽缸受热不均而引起变形。

③ 汽轮机轴封供汽经充分疏水后投汽，先送轴封，后抽真空，防止冷空气进入汽轮机汽缸内。

④ 汽轮机单机试车停机后，立即进行盘车，真空度未到 0 之前，轴封一直供汽，防止冷空气进入热态汽缸，造成上下汽缸冷热不均匀，形成上下汽缸的温度差，从而汽缸产生形变。

⑤ 汽轮机各疏水系统应保证疏水畅通。

6）实施效果

2013 年 12 月 23 日汽轮机通过了单机试车，12 月 25 日进行压缩机氢气介质正常开车，一切正常。图 4-21 和图 4-22 分别为为机组氢气介质正常开车的 Bode 图，显而易见，汽轮机转子的状态得到了根本改善，处理后效果明显。

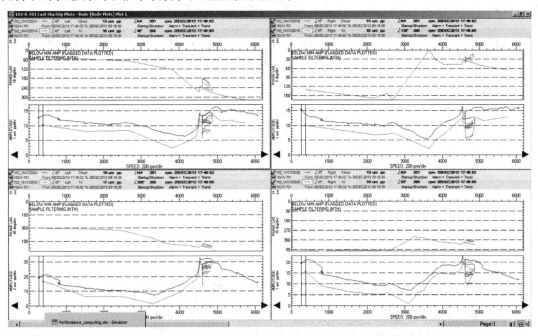

图 4-21　机组氢气介质正常开车过程汽轮机转子的轴振动 Bode 图

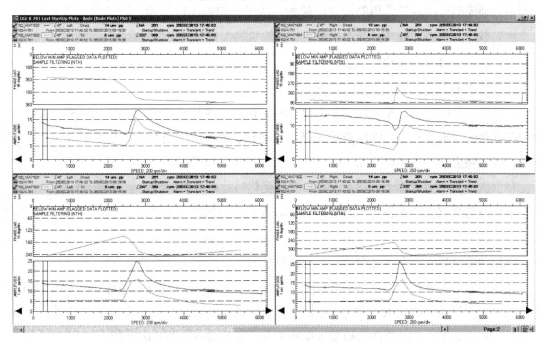

图 4-22　机组氢气介质正常开车过程压缩机转子的轴振动 Bode 图

【案例2】 低压蒸汽发电机组(102-K-751)

1 简介

低压蒸汽发电机组(102-K-751)为海南炼化60万吨/年对二甲苯项目的关键设备,主要作用是充分回收利用装置的低温余热,提高装置的热能利用率,降低装置能耗。

低温蒸汽发电机组配置如图4-23所示。

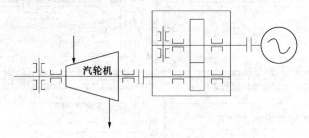

图4-23 发电机组配置

机组采用双层布置,发电机和汽轮机组成的主机组布置在厂房二层,油站、凝汽热井和集液箱的凝结水泵等辅机位于一层,空冷器等在厂房外另外布置。

汽轮机型号为LNK80/80,属多级反动低压蒸汽凝汽式,由杭州汽轮机股份有限公司设计制造。通流部分的转子采用整锻鼓形结构,转子上切割出叶根槽,叶片直接安装在转子上,由转鼓压力级组、低压扭叶级组组成,汽轮机的额定转速为4544r/min。调节汽阀一共有四只,两两组合后由油动机单独分别驱动。

该汽轮机的滑销、热膨胀系统的特点如下:

汽轮机前汽缸与前支座采用上缸猫爪连接,前轴承座通过止口与前支座连接,该连接为固定连接,前轴承座与前汽缸通过拉杆螺栓连接,前支座通过偏心定距螺栓固定在基础座上,该连接为活动连接。

排汽缸两侧的猫爪置于后支座上,后汽缸受热后通过两侧的横销实现横向膨胀。

前汽缸与排汽缸下方各有一只导向立键,保证汽缸轴向中心线不变的情况下实现轴向膨胀。

汽缸的绝对死点在后汽缸横销连线与两只导向立键轴向中心线的交点处。

转子的相对死点在推力盘上,汽缸受热膨胀向前伸长,通过与之相连的轴承座拉杆将前轴承座向前拉动,前轴承座带动支座向前移动,轴承座通过推力盘将转子同时向前拉动,从而使汽缸内的动、静部分的间隙基本保持不变,减少动、静部分的摩擦。

双侧进汽速关阀,带预启结构。

发电机型号为 QFW-20-4WTH，采用四级发电机，额定转速为 3000r/min，由南阳防爆集团股份有限公司制造。

齿轮箱主、从动齿轮为人字形渐开线齿轮，为 Flender 公司的产品。

盘车器采用 SSS 公司的离合器，如图 4-24 所示，依靠离心力自动脱开，位于齿轮箱的高速轴上。另外，为了方便汽轮机单机试车，汽轮机还设有手动盘车装置。

蒸汽冷凝系统由湿式板式空冷器、热井及热井凝结水泵、集液箱、射汽抽汽器、排汽安全阀等组成。汽轮机排出的低压蒸汽在空冷器中被凝结为水，流入热井；而排汽管道和汽轮机各疏水点的凝结水汇入膨胀箱后进入集液箱，自流进入热井。最后由凝结水泵将凝结水送回系统回用。

图 4-24　发电机盘车器离合器

空冷器采用全焊接板式湿空冷，见图 4-25，一共有 48 台，热井凝结水泵为两台卧式水泵，一开一备。在热井凝结水泵的出口总管设有两个调节阀，一只控制出装置量，另一只控制返回热井量，将热井内凝结水控制在一定液位范围。在正常工作中，热井的凝结水量大，其凝结水泵一台连续工作，如果热井的液位高于一定值，则备用凝结水泵自启动。两级射汽抽气装置抽出空冷系统内的不凝气，并维持冷却板束的的负压状态。

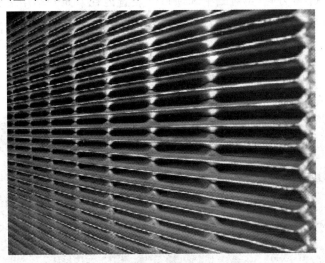

图 4-25　全焊接板式湿空冷

发电机、汽轮机通过齿轮箱由挠性叠片联轴器联接，发电机、汽轮机和齿轮箱分别安装在各自钢底座上。

机组设置一套润滑油站，有两台润滑油泵，一开一备，对汽轮机和齿轮箱轴承实行强制润滑，同时，给汽轮机调节系统供油。

2 试车时间(表4-2)

表4-2 试车时间

序号	时间	内容	备注
1	2013年12月2日	汽轮机单机试车	由于蒸汽量不足，只有40t/h，转速4000r/min
2	2013年12月4日	汽轮机再次单试	用自产蒸汽
3	2013年12月6日	齿轮箱单试	正常
4	2013年12月9日	发电机联动试车	发电机非驱动端振动高，手动停
5	2013年12月11日	发电机联动试车	发电机驱动端振动高，手动停
6	2013年12月14日	发电机联动试车	1h后发电振动高，手动停
7	2013年12月16日	发电机联动试车	振动30~40μm
8	2013年12月17日	10：45，发电机并网	

3 设计、制造和安装中存在的主要问题

3.1 汽轮机及空冷等

1）汽轮机与常规设计相比有哪些不同？

为最大限度降低60万吨/年对二甲苯项目的装置能耗，充分利用装置内工艺物流的低温热，配合芳烃国产化技术公关在本项目的应用，本次设计根据工艺物流中低温热源的高温位发生蒸汽，然后利用所产生的蒸汽驱动蒸汽透平发电如图4-26所示。

本汽轮机采用的蒸汽参数低、品质差，进汽压力只有0.4MPa左右，过热后的蒸汽温度为190℃。由于蒸汽的比容大，相比常规设计有如下几点特点：

图4-26 发电汽轮机LNK80/80现场

（1）取消了调节级，采用了新型的独特全周进汽结构

针对低参数蒸汽流量大、比容大的特点，LNK系列汽轮机在进汽结构上打破了常规设计，采用外置管道连接上、下两半汽缸的独特的全周进汽结构，将进汽室与汽缸合成一体，取消了调节级和独立的蒸汽室，使得整个汽轮机的结构更为紧凑，保证大流量通流能力的同时也降低了汽轮机的制造成本，为汽轮机进汽方式增加了一种全新模式。设计时进汽结构还采用CFD有限元分析软件对蒸汽流道进行了流场分析及结构优化，进一步减少流动损失。由于汽轮机单机容量大，可有效减少汽轮机台数，因此也降低了投资成本。汽轮机纵剖面如图4-27所示。

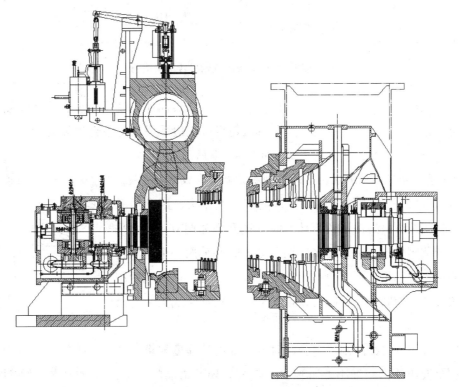

图4-27 LNK80/80型汽轮机纵剖面图

低压蒸汽从两侧的速关阀进入调节汽阀，从调节汽阀流出的蒸汽经角形环直接进入通流部分，汽轮机转子一共有5级。见图4-28。

（2）增加末级动静叶片之间的轴向间隙尺寸

由于蒸汽为低压蒸汽，蒸汽的过饱和度难以保证，容易产生湿蒸汽。为了使静叶出来的水滴充分雾化，同时未雾化的水滴也还有较长的离心加速距离，从而使进入动叶的撞击速度降低，末级动静叶之间轴向间隙尺寸采用较大设计。

（3）末级叶片进汽边采用激光淬硬处理

为了防止水蚀，末级叶片通常可以采用钛合金、镍铬钢、锰钢等耐冲蚀性强的材料。

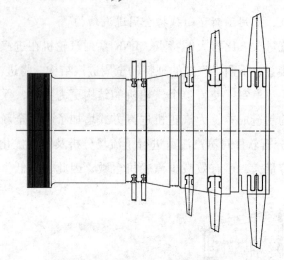

图 4-28　无调节级的汽轮机转子结构图

或者将多级汽轮机的最后几级动叶顶部进汽边的背弧表面加焊硬质合金、局部淬硬、表面镀铬、电火花强化及氮化等措施。本项目汽轮机进汽边采用的是激光淬硬处理，叶片的出汽边较薄，避免形成水膜和大的水滴。如图 4-29 所示。

(4)首次采用了多阀节流调节的油动机控制及在线维护系统

LNK80/80 汽轮机采用节流调节，由于进汽量大，因此需采用大通径低压调阀。为保证调阀动作时的提升力和调节精度，采用油动机与调阀一对一拖动的多阀调节方式，并采用一个电液转换器控制两个油动机，可实现阀门的顺序开启，也可以实现两阀同开同关的调节控制模式，同时，在油动机二次油管线上装有阻尼器。

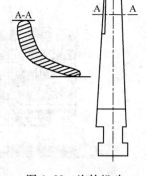

图 4-29　汽轮机动
叶片表面激光硬化

液压系统中的错油门制造精密，对液压油的洁净度要求也非常高。如果液压油出现细小硬质颗粒，就容易导致错油门卡涩，调节汽阀无法动作。本机设计有独立的四套执行机构，错油门卡涩的总次数会相应增加，给操作上带来波动的机会增加，因此，当其中一台错油门卡涩时，能及时切出来，对其进行清洗，又不影响汽轮机的正常运行，因此，在错油门油动机执行机构前后分别加了切断阀。

一旦出现错油门卡涩等故障，即可通过关闭阀 1~阀 8 的一组阀对每组执行机构进行单独切除，开创了多阀调节油动机的新型在线维护系统。如图 4-30 所示。

(5)采用刚性转子

提高机组的运行稳定性。

(6)转子后三级动叶片采用弯扭叶片

提高了级效率和汽轮机整机效率。

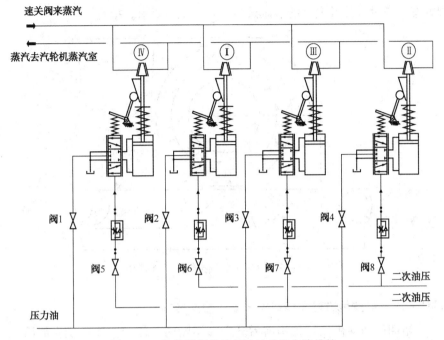

图 4-30　汽轮机调节控制油油动机在线维护

(7) 汽缸法兰螺栓采用电加热系统

确保螺栓的紧固均匀。

2) 汽轮机在制造过程中出现的问题

问题一：由于机床操作人员看错图纸，在通流基准面 $\phi823.7$mm 外圆处单面下去 34mm 处割了一条宽约 5mm、深约 1.5mm 的槽。

处理方案：在转子通流后端基准面上车去 1.5~686mm 处，并在相接处倒角 45°，在原设计位置重新加工平衡槽。如图 4-31 所示。

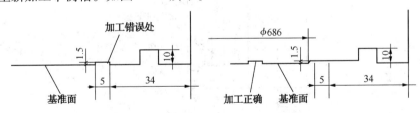

图 4-31　汽轮机转子加工正确/错误处

问题二：前面两级动叶片加工时，叶片角度反向。

处理方案：重新制造、加工动叶片。

问题三：汽缸上缸蒸汽接管法兰螺孔螺纹损伤，该接管法兰用于连接蒸汽管道，使得新蒸汽在通过调节阀后，引入下半缸进汽。在加工汽缸中分面的排泄孔时，与法兰最下面的螺纹发生干涉，致使该处的 M33 螺纹受损，螺纹外侧剩下 4~5 牙。如图 4-32 所示。

处理方案：通过计算及最后的水压试验，满足使用要求，接受。

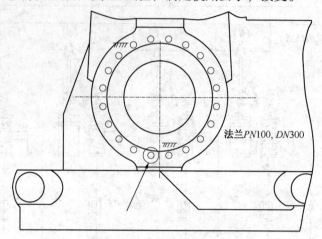

法兰*PN*100, *DN*300

图 4-32　汽轮机蒸汽接管法兰面损伤

3）设计完成后哪些地方做了修改？采取了哪些措施？

修改 1：错油门油动机执行机构前后分别加切断阀，便于错油门发生故障时能单独切除，对生产的影响极小，做到了在线维护。

修改 2：四台油动机分别增加 LVDT 位移变送器。

四台台油动机上分别加装了 LVDT 位移变送器，可以根据阀位情况非常准确判断是哪台错油门卡涩了，以便进行清洗维护。如图 4-33 所示。

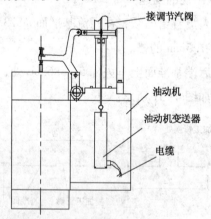

接调节汽阀

油动机
油动机变送器
电缆

图 4-33　汽轮机调节控制油油动机位移变送器

修改 3：末级叶片激光硬化处理。

由于汽轮机是大流量低压蒸汽，过热度低，汽轮机后面级容易产生湿蒸汽，叶片发生汽蚀，特别是汽轮机的末级叶片，叶片较长，容易发生叶片断裂的情况，因此，对汽轮机的末级叶片进行了激光硬化处理，以提高叶片的抗汽蚀性能，延长叶片的使用寿命。

4）安装中出现的主要问题

问题一：推力瓦总间隙在轴承箱上盖回装前后测量不一致。

汽轮机推力瓦的总间隙出厂值为0.41mm，在轴承箱盖回装前，复测值与出厂值相符，但轴承箱回装后，推力瓦的总间隙变小了，间隙值为0.30mm。经分析判断，由于上下轴承箱的加工工艺不正确，导致轴承箱的轴承定位槽发生了上下错位，上轴承箱的轴承定位槽相对下轴承箱的向非驱动端轴端偏移了0.11mm。解决的方案有两个：

方案一：把下半轴承的靠内侧的轴向调整块磨掉0.11mm。

方案二：把轴承箱上盖的定位槽靠内侧再多加工0.11mm。

方案一虽然简单，但分半的调整块没有明显的区别，可以互换，会给以后的安装带来麻烦，没有从根本上解决问题。方案二可能受到加工条件的限制，加工复杂一些，一旦加工出现问题，就有可能使整个轴承箱上盖作废，给工作带来很大被动，但可方案二可以一劳永逸解决问题。

经反复比较，最终采用了方案二。

问题二：外管连接蒸汽管线法兰张口大。

汽轮机采用外管道连接上下半汽缸的独特全周进汽结构，原设计两侧的上下法兰都是刚对刚的连接，中间不加任何型式的垫片，咨询厂家可以涂密封胶。但考虑到上下半汽缸与连接管道两者的热膨胀不可能完全一致，这样容易导致法兰翘曲变形、出现法兰张口，涂密封胶是没有意义的。所以，现场安装时，在4对法兰处分别增加了柔性石墨缠绕垫，一旦发生蒸汽泄漏，垫片还有一定的压缩余量，可以进行紧固处理。见图4-34。

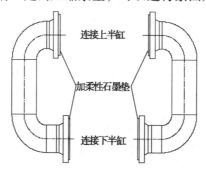

图4-34　汽轮机进汽外管连接双侧进汽

5）推力端轴承座型式设计不合理

推力轴承支座通过定位槽与前支架连接，两者之间不是采用能相对滑动的结构。当转子热膨胀时，推力轴承就会推动整个前支架滑动。但由于润滑油管线对前支架的限制作用，使得转子的热膨胀不能完全自由进行，转子的膨胀是受到限制的，不利于汽轮机转子的运行。当然，由于这台汽轮机的进汽温度较低，热膨胀量并不大，所以对汽轮机的正常运行的影响较小。如果对于高温高压高参数的汽轮机来说，选型就要特别注意这方面的问题了。

推力轴承支座与前支架连接尽量采用能相对滑动的结构，也就是说推力轴承支座不是通过定位槽与前支架连接，而是推力轴承支座采用类似猫爪的型式支撑在前轴承座上，再配上偏心定距导柱。当转子发生热膨胀时，转子在前轴承座上能够相对滑动，重量相对较大而且受到润滑油管线限制的前轴承座就可以不需要移动了，转子的热膨胀就能够完全自由在前支架上移动。推力轴承支座支撑在前支架上能够相对移动的结构如图4-35所示。

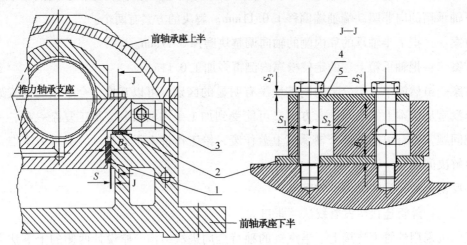

图4-35　汽轮机推力轴承支座活动支撑在前支架上

1—导向板；2—调整板；3—导向杆；4—定距螺钉；5—压板

6）控制油系统的配管设计有待更合理、更完善

本次汽轮机控制油系统的配管设计是杭汽首次采用卡套连接的型式，控制油系统管线全部在制造厂预制，这样的设计对漏点消除、现场整洁、外形美观很有好处，但也有一些需要注意的地方：

一是配管的卡套连接接头最好不放在位于底座的水平管上，放在立管上，避免踩踏，损坏接头。

二是现场施工人员对安装卡套连接接头的核心要点不清楚，容易出现卡套连接接头松脱，这是非常危险的，在机组正常运行的过程中，如果卡套连接接头松脱，会造成非正常停机。

三是配管管排最好加防护，保护管线。

四是设置适当的管卡固定，尤其是卡套接头前后这一段管。

7）排汽管段的方型法兰密封面设计要改进

受到汽轮机与齿轮箱之间的联轴器长度的限制，位于联轴器侧的汽轮机排汽方型法兰，大部分与基础一般靠得比较近，尤其是在排汽端一侧，基础设计要考虑安装汽轮机的缸体立式导向键，所以这一侧的空间比较狭小，一旦汽轮机排汽法兰出现泄漏，想要紧固或更换垫片将是非常困难的。所以，在进行机组的基础设计时，可以考虑设计成台阶的型式或者中间凸出的型式，台阶下小上大，一是兼顾联轴器的尺寸不能设计过长、汽轮机的缸体立式导向键的安装固定，二是便于留出扳手空间。所以，进行机组的设计时，一定要结合现场的安装，几个专业相互配合，相互沟通，使机组的设计、安装、运行等更加完善，更加优化。

这是属于设计院的设计问题。

8）真空破坏阀未投用

由于时间比较紧迫，加之其他原因，汽轮机排汽真空破坏阀的电磁阀的动力电缆和信号电缆未设计，未敷设，真空破坏阀未能投用。

需要今后根据情况择机实施。

9）高位油箱的旋启式单向阀安装方式不对

当高位油箱旋启式单向阀(图4-36)垂直安装时，由于重力的作用，阀瓣始终处于全开状态，当有反向流体通过时，不存在反向关闭的作用力，也就是说，当启动润滑油泵，单向阀是不能关闭的，仍然处于开启状态，这样，压力润滑油不是通过充油线，而是直接通过旋启式单向阀到达高位油箱，压力润滑油会从高位油箱的顶部大量冒出。因此，高位油箱旋启式单向阀应该水平安装。当启动润滑油泵时，阀瓣在重力的作用下处于关闭状态，压力润滑油不会通过单向阀到达高位油箱，也就不会发生高位油箱冒油的情况。

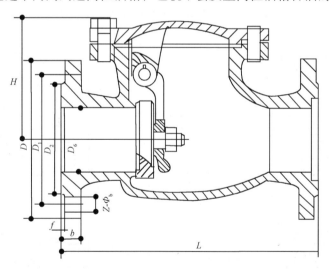

图4-36 旋启式单向阀结构

10）全焊接式板式湿空冷器存在哪些问题？

（1）全焊接板式湿空冷的特点

布置型式：低压蒸汽发电机组的乏汽冷凝器采用的是全焊接板式湿空冷器，一共有48台，分为四组，每台空冷器采取垂直布置的型式。现场见图4-37、图4-38。

工艺流程：汽轮机的排出乏汽母管位于板式湿空冷器上方，乏汽从上方分配到各板式湿空冷器，在板束中由上向下流动，由喷淋装置用除盐水对空气进行喷淋增湿，经喷淋水增湿降温后的空气由引风机带动通过板管通道横穿板束，与两板片之间的乏汽热介质形成交叉对流换热，一部分喷淋水进行蒸发用汽化潜热带走了热量，达到冷却介质的效果。未蒸发的喷淋水在板式湿空冷的下方汇流后回到除盐水罐，不凝气由抽空器抽走。

结构特点：全焊接板式湿空冷器突破了传统空冷器的结构限制，将高效节能、结构紧凑、占地面积小的板式传热元件引入空冷器，传热比表面密度可以达到$250m^2/m^3$。具有传热系数大、传热效率高、流通面积大、管内阻力降小等优异的技术性能。

图4-37 汽轮机乏汽冷却板式湿空冷现场

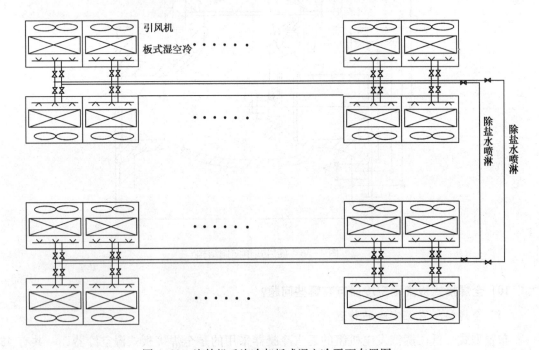

图4-38 汽轮机乏汽冷却板式湿空冷平面布置图

（2）存在的问题

由于乏汽冷凝系统不是正压系统，更不是高压系统，是一个负压系统，系统阻力降的微小差异对乏汽的均匀分配的影响是相当大的，该冷凝系统在设计上主要存在以下一些问题：

一是同一台空冷器两板片内、不同组合板片之间的乏汽阻力降不同。

每台空冷器的所有两板片板片内的间距在宽度方向上都是相等的，这样一来，靠近喷淋水的一侧，冷却效果好，该侧的乏汽阻力降小。远离喷淋水的一侧，即引风机一侧，冷却效果差，其乏汽阻力降大，这样就会导致同一台空冷器的两板片内在纵向方向上的阻力降是不同的、不同组合板片之间的乏汽阻力降也是不同的。就同一台空冷器而言，乏汽容易产生偏流，非常不利于乏汽的均匀分配。仅就单台空冷器而言，达不到理想的换热效果，单台空冷器的换热效率大大降低了。

二是不同空冷器片之间的乏汽阻力降不同。

喷淋装置喷淋嘴的布置及喷嘴的好坏对喷淋效果的影响是非常大的，喷淋效果好，乏汽阻力降小，喷淋效果差，乏汽阻力降大，这样，导致不同空冷器的阻力降是不同的，会形成部分空冷器或多或少的失效。

三是空冷器采用立式布置方式，气、液流动不合理，不凝气存在返混现象。

空冷器全部采用的是立式布置方式，如图4-39所示。乏汽经冷却后，变成凝结水和不凝气，凝结水和不凝气均向下流动，凝结水在空冷器底部汇流后进入热井罐，不凝气也是汇聚在空冷器下部，只不过仅仅在凝结水的上方一点而已，不凝气汇聚后进入真空抽汽器。凝结水和不凝气的流动方向都是一同向下，即全部采用顺流的方式，这样的气液流动方式

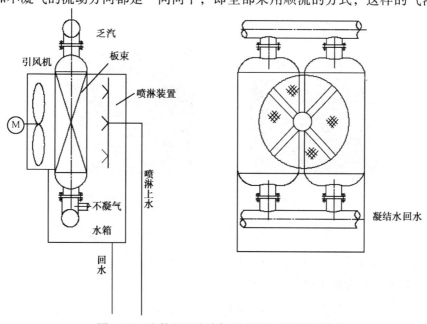

图4-39　汽轮机乏汽冷却板式湿空冷器布置结构

显然是不合理的，一是不凝气与凝结水之间难以彻底分离，会有少量不凝气会汇集于冷却器的顶部死角等地方，即存在返混的情况，这是影响冷却器传热系数的最主要的因素；二是阻力降加大；三是不凝气和凝结水的分离效果差，不凝气携带凝结水，造成凝结水的大量损失。

四是平台为花纹钢板结构，引风机排出热风形成热风循环，直接影响空冷效果。

板式湿空冷器的运行数据见表4-3。

表4-3　板式湿空冷器的运行数据

序号	进汽量/(t/h)	进汽温度/℃	进汽压力/MPa	排汽温度/℃	排汽压力/MPa	冷后温度/℃	补充除盐水/(t/h)
1	156	186	0.39	63.9	0.026	57	20
2	156	186	0.39	65.9	0.035	60.2	25

（3）建议及措施

① 采用新型的空气雾化喷嘴，改善喷淋装置的雾化效果。除盐水从空冷器的一侧喷出，给空气增湿，增湿后的空气由位于空冷器另一侧的引风机抽走，对于同一台空冷器而言，由于两侧的冷却效果是不一样的，必然造成从喷水侧到风机侧在板内流动的乏汽的阻力降不同，对于不同空冷器而言，其阻力降也不同。因此，采用新型的空气雾化喷嘴，一是使液滴直径尽可能小，在30μm以下，达到比较好的雾化效果；二是尽量使空气增湿均匀，确保各同一台空冷器各部位，不同空冷器之间的冷却尽量均匀；三是也可以减少除盐水的耗量。

② 平台由封闭的花纹钢板结构改为钢格栅结构。避免形成热风循环，降低引风机入口温度。如图4-40、图4-41所示。

图4-40　花纹钢板平台　　　　图4-41　钢格栅平台

③ 除盐水回水增上冷却系统。来自除盐水罐的除盐水经除盐水泵加压后，进入喷嘴，由喷嘴喷出，一部分除盐水在空冷器表面蒸发掉或由引风机抽走；另一部分除盐水与乏汽换热后，全部直接返回除盐水罐。如图4-42所示。除了由于除盐冷却水蒸发或由引风机抽走，损失一部分除盐水，需要补充外，其余除盐水是循环使用的。由于除盐水没有经过冷却，温度较高，大大降低了湿空冷的冷却效果。所以，从空冷器水槽来的除盐水，不能直

接回除盐水罐，需要增加除盐水回水冷却系统，以改善空冷器的冷却效果。

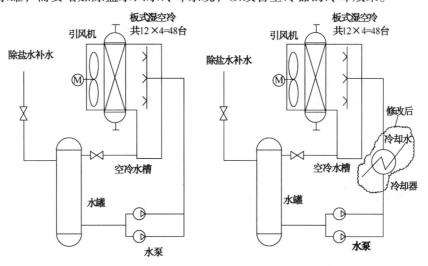

图4-42 汽轮机乏汽冷却板式湿空冷器喷淋水流程修改

④ 设置挡风墙，减轻夏季太阳光对空冷器金属表面的直射。当夏季时，尽管最高气温只有约36℃，但如果太阳光直射到空冷器的金属表面上，空冷器的金属表面温度可以高达60℃以上，该温度达到或甚至超过了汽轮机的排汽温度，空冷器无法再对乏汽进行冷却。所以，在夏季来临之前，尽快在空冷器的四周设置挡风墙，减轻夏季太阳光对空冷器金属表面的直射。

⑤ 空冷风机改引风型式为鼓风型式。由于空冷器是湿空冷的结构，大量的除盐水蒸发，被引风机抽走，使引风机和驱动电机长期处于湿热高温环境中，引风机的叶片采用铝合金，影响较小，但对电机来说，其工作环境极其恶劣，这样会大大缩短电机的使用寿命，因此，很有必要把空冷风机由目前的引风型式改为鼓风型式，改善电机的工作环境。

⑥ 合理设计空冷器的结构，改善气、液的流动状况。空冷器的结构设计对冷却效果影响是最大的，空冷器可以采用组合式的结构型式，即把每一组空冷器分成两部分，每组的一半仍然采用目前顺流的冷却方式，汽轮机的排汽乏汽只进入到这部分，不进入另外的一半；另外的一半则采取逆流的冷却方式，即前面的凝结水和不凝气顺流冷却向下后，汽、液进行初步的分离，分离后的不凝气再进入逆流冷却空冷部分进行再次冷却。在该部分空冷器中，凝结水向下，不凝气向上汇聚在空冷器顶部，不凝气从空冷器顶部抽走，这样，气、液不会形成返混，气、液的流动状况得到根本改善，冷却效果也会更好，凝结水也可以得到进一步的回收，从而减少凝结水的损失。当然，这两半的设计不是等冷却面积的，逆流板束的冷却面积大约只占1/4即可，可以根据不凝气的比例等进行计算。如图4-43所示。

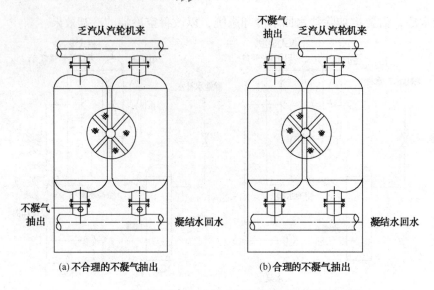

(a) 不合理的不凝气抽出　　　　　　　(b) 合理的不凝气抽出

图 4-43　全焊接板式湿空冷器全顺流板束冷却器结构改进

3.2　发电机

1）冷却水管线设计遗漏

由于设计院各专业之间的文件流转及提交出现问题，发电机的冷却水管线设计遗漏了。及时发现后，从泵区重新引冷却水。

2）励磁机的安装支架设计不合理

设计上，励磁机的安装位于发电机的非驱动端轴外端，通过中间支架与发电机的壳体相连。但由于支架拉筋之间的间隙尺寸偏小，位于非驱动端的电机轴承无法直接从支架两拉筋之间的间隙取出来，这给电机轴承的检查和检修带来了很大的困难。如果不作改动，那么，每次检查和检修电机轴承就必须全部拆除励磁机，给检修带来了很大的工作量。因此，必须对励磁机的安装支架结构加以修改。

其方法是：把励磁机的安装支架的两块连接拉筋板各去掉一部分，支架与励磁机连接的上圆弧板也去掉一部分，这样，就可以在不拆除励磁机的情况下，非驱动端电机轴承勉强能够拿出来，一是为检查和检修提供便利，二是为检查和检修赢得宝贵时间。这是设备到达现场后，不得已采取的临时措施。如图 4-44 所示。

今后，发电机厂家在设计励磁机的安装结构时，可以采取内置励磁机的办法，也可以把目前的支架结构设计成上下两半的型式，总之，一定要改变目前的设计，使之更合理，更方便。

3）电机轴承的选型不合适

根据轴承润滑方式的不同，轴承分为强制压力润滑和甩油环润滑。根据瓦块是否可以倾动，滑动轴承可以分为固定瓦滑动轴承（图 4-45）和可倾瓦滑动轴承（图 4-46）。

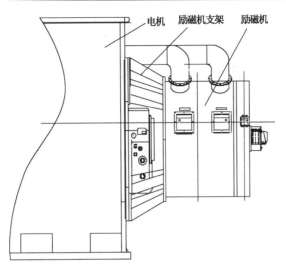

图 4-44 发电机励磁机安装

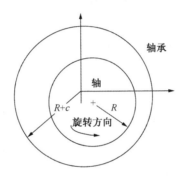

图 4-45 固定圆筒瓦轴承

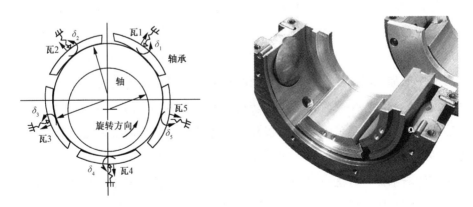

图 4-46 可倾瓦轴承

圆筒形轴承是固定瓦滑动轴承中最常见的一种。在下瓦中分面附近位置(轴颈旋转方向的上游)处有进油口,轴颈旋转时只能形成下部一个油楔,这种轴承称为单油楔圆筒形轴承,这种轴承结构简单,润滑油的消耗量小,摩擦损失少,但是该结构的轴承在高速轻载的工作条件下，油膜刚度差，容易发生失稳现象。目前应用广泛的是自位式圆筒形轴承，主要用在汽轮机低压转子和发电机转子上。为了保证轴承在运行中能自由滑动，又不至于发生振动，轴承一般在冷态下要求有 0.03~0.08mm 的瓦背紧力。

可倾瓦滑动轴承属于动压滑动轴承的一种，由若干瓦块组成，瓦块可绕一支点在圆周方向摆动，改变与轴颈表面形成的楔角，以适用不同的工况。改变支点的形式，瓦块也能在轴线方向摆动，适应轴的弯曲变形，最主要的特点是在运行时多油楔同时工作，对轴心的涡动产生了限制作用，因而稳定性好，在高速场合应用很多，速度的使用范围较宽。

可倾瓦轴承是能自动调整中心的轴承，其轴瓦由若干可绕其支点在一定角度范围内倾斜的弧形瓦块组成。相邻两个瓦块之间的间隙作为轴瓦的进油口。瓦块在工作时随着转速、载荷及油温的不同而自由摆动，每一个轴瓦形成一个油楔，在轴颈四周形成多个油楔，每个瓦块作用到轴颈上的油膜作用力总是通过轴颈中心，因此，可倾瓦轴承具有较高的自动对中性和稳定性，能有效地避免油膜自激振荡及间隙振荡，同时对于不平衡振动也有很好的限制作用。可倾瓦的摩擦损失较小，缺点是制造复杂，价格较贵，目前越来越多地被大功率机组所采用。

本项目低压蒸汽发电机组本身配有润滑油站，不仅为汽轮机和中间的齿轮箱轴承提供润滑油，还为汽轮机调节控制系统提供高压油，不需要为发电机单独再配置油站，所以，在这种情况下，发电机轴承选择固定圆筒瓦轴承并不合适，选择可倾瓦滑动轴承是合适的。

4）顶升油轴承设计

由于汽轮机和发电机的转子的重量都比较大，为了保护轴承，避免在盘车阶段因轴承油膜未完全形成，造成对轴瓦的伤害，因此，汽轮机和发电机的轴承都设计有顶升油系统。

5）联轴器选型

对于像有中间加长段的膜片联轴器等挠性联轴器来说，由于它允许两转子有相对的轴向位移和较大的偏心，对中要求低，对振动的传递也不敏感，但其结构稍为复杂一些，机组的轴系变长了，可能还会带来轴系的扭转振动等其他问题，需要通过计算及无阻尼刚度图求出临界转速。

一般的刚性联轴器，其优点是刚性高，传递扭矩大；结构简单，尺寸小；减少了轴承个数，缩短了机组长度，广泛应用于大功率汽轮机。缺点是传递振动和轴向位移，对转子找中心要求高。

对于联轴器型式的选用，需要考虑的因素是多方面的。本项目发电机组的变速齿轮箱选用进口的 FLENDER 的产品，其低速轴与大齿轮的连接采用穿心的齿轮连接，在齿轮的轴端部位轴和齿轮之间有一定的间隙。因此，齿轮箱的低速轴的连接型式尽管采用的是刚性连接，但采用的是挠性设计，即该轴允许有一定的角位移，可以吸收一定的纵向和横向热膨胀，所以，低速轴的连接选用的是刚性联轴器连接，高速轴选用的则是弹性膜片联轴器。挠性设计齿轮箱实物图及结构如图4-47、图4-48所示。

图4-47 发电机齿轮箱实物图

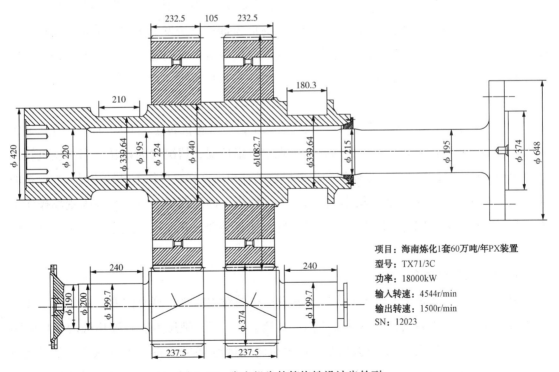

项目：海南炼化1套60万吨/年PX装置
型号：TX71/3C
功率：18000kW
输入转速：4544r/min
输出转速：1500r/min
SN：12023

图4-48 发电机齿轮箱挠性设计齿轮副

4 调试及试运行

1）开车过程

2013 年 12 月 2 日，发电机组汽轮机首次单机试车，采用系统 3.5MPa/380℃ 管网蒸汽经减温减压成 0.45MPa 的蒸汽，由于蒸汽量不够，转速最高只能达到 3800r/min 左右，达不到额定转速 4544r/min。操作进行调整后，把装置自产蒸汽并入管网，12 月 4 日再次进行汽轮机的单机试车，汽轮机单机试车正常。12 月 6 日，汽轮机连上齿轮箱，汽轮机-齿轮箱联动试车，汽轮机和齿轮箱均正常。汽轮机、齿轮箱、发电机的联轴器全部连接，进行整机联动试车。

2）第一次联动试车

12 月 9 日上午，汽轮机、齿轮箱和发电机组联动试车，当汽轮机转速上升到 2000r/min 时，发电机非驱动端的振动不断缓慢上升；后来，引发发电机驱动端振动也缓慢上升，最后全部超标，达到停机值，至 130μm 时，手动停机。下午再试车，情况与上午完全一样，通知南阳电机厂和轴承厂家过来人。

3）第二次联动试车

第一次联动试车后，初步分析，发电机的振动与顶升油系统有关；12 月 10 日晚轴承厂家到厂，一是拆下发电机两侧的顶升油压力表，在试车过程中用压力表手阀调节顶升油压；二是检查发电机两端轴承顶升油口，顶升油口倒角 2mm；三是发电机驱动端轴承又增加一个单向阀；四是轴承厂家错误认为是齿轮箱与发电机的对中有问题，于是根据所谓的油膜厚度理论来确定冷态对中曲线，连夜加班，按照冷态对中曲线，对齿轮箱和发电机进行重新对中找正。

12 月 11 日下午 15：45，进行第二次联动试车，当汽轮机转速从 600r/min 在升转速的过程中，通过控制压力表手阀释放顶升油，观察机组情况，情况大为好转。当汽轮机转速达到 3000r/min 时，汽轮机、齿轮箱和发电机振动都相当良好。再往上升转速时，发电机的驱动端的振动开始快速上升，达到停机值，手动停机。询问现场人员，是因为现场操作工看到顶升油压力表手阀冒油增大，担心出问题，把驱动端顶升油压力表手阀关了，导致情况突然恶化。

4）第三次联动试车

由于轴承厂家还是错误地认为齿轮箱和发电机的对中曲线计算有问题，一是重新又给出了另外的冷态对中曲线；二是驱动端轴承更换新的；三是把压力表管嘴用橡胶管接至润滑油回油管线上。12 月 14 日再试车，汽轮机转速达到 4544r/min，不可思议的是居然一切都好了，发电机的最大振动也只有 40μm 左右，运行正常。但 1h 后，发电机的非驱动端的轴承振动快速上升到 160μm，紧急停机。下午 15：50 再开，16：45 转速升至汽轮机额定转速 4544r/min，没多久，振动还是上来了，停机。

5）第四次联动试车

第三次停车，厂家认为是发电机非驱动端的骨架油封没有固定好造成的，拆开非驱动端轴承盖，重新固定好骨架油封。再次开机，问题解决了。一个重达 20t 的转子在仅有 1500r/min 的低转速下，不可能受到仅有 20~30g 重油封的摩擦力影响。

5 原因分析

1）发电机与齿轮箱不对中

对于大型机组来说，各机器之间的连接需要考虑的因素是多方面的。

如果采用挠性连接，两台机器的对中要求是降低了，但轴系变长了，轴系复杂了，相应会带来轴系的扭转振动临界转速的降低，需要对轴系的扭转振动进行全面计算分析，可能还需要提高轴系中的轴、轴承座等的刚性系数。总之，采用挠性连接，对设计提出了更高的要求。

如果采用刚性连接，对两台机器的对中要求比较高，肯定是零对零的对中，绝对不存在需要考虑什么热膨胀、甚至油膜厚度等因素，也无法预留热膨胀量等，如果对中不好，就会给轴系施加附加的力和力矩，加剧轴的振动、降低轴承的使用寿命等。

所以，对于大型机组而言，究竟是采用刚性连接还是挠性连接，要视机组的情况而定。如果采用刚性连接，则要考虑轴承的布置方式，有的是把发电机的一个轴承与汽轮机的一个轴承布置在一起等，对于该发电机组来说，齿轮箱与汽轮机之间的连接采用的是挠性联轴器。由于该齿轮箱的低速轴本身采用的是挠性设计，如图 4-46 所示，低速轴的非轴伸端与大齿轮采用花键连接，轴本身可以以花键连接部位为支点在大齿轮内摆动。这样，齿轮箱的低速轴即可以吸收一定的径向方向的热膨胀、轴不对中等径向位移，因此，齿轮箱与发电机之间的轴连接采用的是刚性连接的型式。该发电机与齿轮箱无论是径向还是轴向对中，其值在 0.04mm 以内，所以发电机与齿轮箱的不对中问题可以排除。

2）转子轴颈泵送效应

（1）轴承顶升油的作用

用于盘车时通过轴承顶升油顶起转子，使转子不与轴瓦直接接触，减少摩擦力。同时也防止轴瓦损伤。轴承顶升油系统的原理如图 4-49 所示。

（2）轴承顶升油油囊的设计

一种设计是轴承顶升油囊呈月牙形结构，如图 4-50(a) 所示，另一种设计是轴承顶升油囊呈方形槽结构，方形槽尺寸为 30mm×120mm×5mm，如图 4-50(b) 所示。

（3）轴承顶升油对发电机转子的影响分析

由于发电机和汽轮机的转子都比较重，径向轴承都设有顶升油结构。当汽轮机盘车或

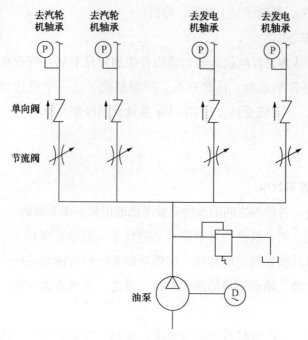

图 4-49　轴承顶升油系统的原理简图

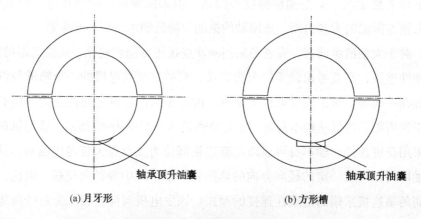

图 4-50　轴承顶升油油囊结构

低速暖机时，顶升油系统投入使用。在汽轮机升转速的过程中，转速升至 300r/min 时，轴承顶升油泵联锁自停。汽轮机转速继续往上升，当转速达到一定值后，转子在轴承中的位置是处于偏向旋转方向的另一侧，如图 4-51(a) 所示。尽管顶升油泵已经停泵，但由于转子轴颈的泵送效应，润滑油仍被高速旋转的轴颈不断带入轴承底部的顶升油囊内。对于呈月牙形结构的顶升油囊来说，顶升油囊与轴颈不会形成完全封闭的结构，即这种凹下去的月牙型油囊的结构型式是可以通过结构从轴颈的两侧月牙槽进行泄油的，轴颈的泵送效应产生的油压不会一直上升。但对于呈方形槽结构的顶升油囊来说，情况就完全不一样了。由于转子轴颈的泵送效应，润滑油被高速旋转的轴颈不断带入轴承底部的方形槽油囊内。而方形槽油囊与轴颈构成了一个几乎相对封闭的结构，由于润滑油被高速旋转的轴颈不断带入，在没有地方泄油的情况下，相对封闭的方形槽油囊内的润滑油压会不断升高。由于油压的顶升作用，发电机的转子不断被抬高，直至进油和泄油能够达到平衡为止，这样，发电机的转子中心被轴颈的泵送效应产生的高压顶升油推到轴承中较高的位置，其轴心位置见图4-51(b)。

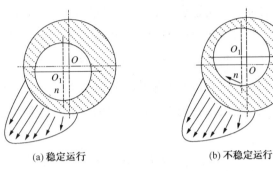

(a) 稳定运行　　　　　　　　　　(b) 不稳定运行

图4-51　转子在轴承中的位置

由于该方形槽油囊面积较小，在油囊处产生了局部高压油区，局部高压油作用于转子两端轴颈上，转子相当于由两个点在支撑，转子旋转时，转子轴心的位置越高，转子的状态就会越不稳定，随着转子转速的升高，转子轴颈的泵送效应会越强，轴也就越不稳定，表现出来的现象是振动加大，而且这样的振动呈发散特征，不存在明显的正进动或者反进动，这种情况是明显有别于转子的油膜振荡的。当转子发生油膜振荡时，轴颈在轴承中作偏心旋转，形成进口断面大于出口断面的油楔，油液进入油楔后压力升高。如果轴颈表面线速度很高而载荷又很小，则轴颈高速旋转，使油楔中间隙大的地方带入的油量大于从间隙小的地方带出油量，液体具有不可压缩性，多余的油就会把轴颈推向前进，形成了与轴旋转方向相同的涡动运动，即转子发生油膜振荡时，转子产生正进动，涡动速度就是油楔本身的前进速度。

转子发生油膜振荡的条件是：

① 转子的一阶临界转速为转子的转速一半左右时，容易发生油膜振荡；

② 轻载高速。

转子发生油膜振荡的振动特征是：

① 振荡频率近似为转速的1/2，这是发生油膜振荡的基本特征之一；

② 发生油膜振荡时，轴心轨迹形状紊乱、发散，很多不规则的轨迹线叠加成花瓣形状。转子进动方向为正进动。

该发电机转子为刚性转子，重量为20t，转速为1500r/min，属于低速重载，应该来说轴承发生油膜振荡的可能性极低。

（4）减少轴承顶升油的泵送作用的措施

对于转子稳定性来讲，由力学上的最小势能定律可知，"一个完整的保守系统，只有当它处于势能为最小的相对位置上才是稳定平衡的"。因此轴颈中心在轴承中的位置愈低,其势能愈小、对转子系统的稳定性愈有利。因此,减少轴承顶升油的泵送作用,可以从降低轴颈中心在轴承中的位置等几个方面着手:

① 轴对中 轴承顶升油的泵送作用的大小与转子在轴承中的位置有很大的关系,轴承的偏心越大,轴承顶升油的泵送作用越小。轴承中心越低,轴承顶升油的泵送作用也越小。通过转子的预留热膨胀量,调整发电机转子的上下以及左右的偏移量,即可调整转子中心在轴承的位置。这种方法仅是一种临时性措施,可以说是歪打正着,纯粹是一种巧合,带有很大的偶然性,问题虽然可以得到暂时的解决,重复性差,下次检修只要动了转子和轴承等,需要重新对中找正时,是很难找到上次的数据的,而且这种解决措施也是不利于机组的长周期运行的。

② 提高润滑油压力 整个转子重量是两端的轴承来支撑的,在一定的范围内,润滑油压力提高,支撑刚性也提高,有助于转子的稳定,但作用是十分有限的。

③ 改进轴承结构 对于像圆柱轴承、椭圆轴承等,采用多路供油以及轴承内表面开油槽等方法,改进轴承的结构,有效改善转子的运行稳定性。

④ 增加轴承比压 轴承的比压越大,轴颈中心在轴承中的位置越低,转子也越稳定。因此,设计上可以通过减少轴承的宽度,增加轴承的比压,来提高转子的运行稳定性。

⑤ 采用合理的轴承结构型式 选用抗振性好的轴承,这是从设计开始,从源头上解决问题的根本方法。圆柱轴承虽然结构简单、制造方便,但扰振性最差,椭圆轴承的稳定性优于圆柱轴承。三油楔、四油楔(或三油叶、四油叶)轴承的稳定性优于椭圆轴承,因此,根据机组的配置及相关参数,尽量选用结构型式合理的轴承,这可以从根本上解决上面出现的问题,转子的运行稳定性可以得到极大提高。

⑥ 改变轴承顶升油油囊的结构 轴承顶升油油囊的结构既要保证机组盘车或者低速运转时,对转子的顶升作用,又要确保当机组正常运转时,轴承顶升油油囊不再产生比较大的泵送效应,所以,对轴承顶升油油囊的结构设计非常关键,尤其对于轻载高速的转子来说更为重要,轴承设计往往注意不到这一点,所以,一定要引起轴承设计人员的高度重视。这也是消除轴承顶升油油囊产生泵送效应的最简单、最有效的办法。

6 结论

轴承顶升油方形槽油囊结构设计不合理,方形槽与电机转子共同形成了相对封闭的空间,导致电机转子在旋转过程中,电机轴承的顶升油油囊处产生了较大的泵送效应,形成了局部高压,电机转子的中心被抬得过高,由于局部高压对电机转子来说,作用面积太小,不是半面支撑,相当于点支撑,这样电机转子就处于一种非常不稳定的状态,这是导致电机轴承振动大的根本原因。

【案例3】 歧化往复压缩机轴头泵损坏原因及处理

1 简介

90万吨/年歧化装置的往复活塞式压缩机102-K-501A、B为装置歧化反应提供新氢,选用两列对称平衡型压缩机,一级压缩,型号为2D40-32/17-36.1-BX,由沈鼓集团生产,一开一备,由南阳防爆集团生产的同步电动机直接驱动,转速330r/min,电机功率1100kW。压缩机组采用两层布置,压缩机本体位于厂房内标高4.5m的二楼平台上,润滑油站放在地面上。曲轴箱与中体铸成一体,组成压缩机的机身,机身下部的容积作为贮存润滑油的油池。压缩机的运动机构各部件采用稀油强制润滑,循环润滑系统设有主、辅油泵,主油泵安装在压缩机曲轴端部,由曲轴通过齿轮增速后驱动,作为压缩机正常运行时的供油;辅油泵位于地面的橇装润滑油站上,由单独的电机驱动,主要用于压缩机启动前的预润滑、压缩机的停车以及主油泵出现故障时使用。从曲轴箱底部的油池过来的润滑油由DN65的润滑油总管线抽出,润滑油抽出后分成两路,一路进入曲轴直接驱动的主油泵,另一路进入由电机驱动的辅油泵,主、辅油泵的出口两路润滑油合并后,经冷油器冷却,润滑油过滤器过滤,再分配到主轴承、连杆大头瓦和十字头滑道等各润滑点。本体结构见图4-52。

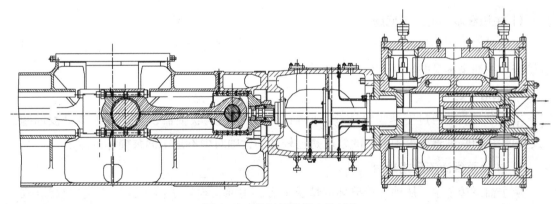

图4-52 往复压缩机本体结构

2 开机过程

2013年10月4日,启动往复压缩机102-K-501B,空负荷试车,检查一切正常后,机组继续运行,润滑油压正常,停辅油泵,结果造成压缩机联锁停车,同时辅油泵联锁自启动。当时以为是没有设置油压低低联锁停车的延时,随即修改了联锁延时,联锁延时时间沿用以前一期炼油装置统一规定的机组6s延时。15:30再次启动往复压缩机102-K-501B,检查正常，运行约 5min 后，再停辅油泵，但辅油泵还是联锁自启，仍然无法停下来，当然这次没有发生压缩机组联锁停车。商量决定：暂不停辅油泵，两台润滑泵并联运行一段时间，同时查找辅油泵停不下来的原因；16：30，主油泵泵轴处突然冒烟，于是只有紧急停机。

3 拆检情况

2013 年 10 月 5 日，对该往复压缩机 102-K-501B 的主油泵进行了拆检，拆检发现泵的转子主、从动齿轮磨损，齿轮表面发蓝，有的部位颜色较深。如图 4-53 所示。

图 4-53 主油泵转子主、从动齿轮拆检情况

4 原因分析

1）主油泵本身的质量问题

压缩机在工厂进行过机械试运转，采用的泵就是该泵；另外，开车前也对主油泵进行过检查，主油泵本身的质量不存在问题。

2）轴对中超标

主油泵与曲轴通过变速齿轮连接，联轴器为弹性柱销联轴器，一是对中本身没问题，二是弹性柱销联轴器要求轴对中的精度是比较低的，轴对中不是主油泵损坏的原因。

3）主油泵供油不足或缺油

从主油泵转子主、从动齿轮损坏的情况来看，主油泵损坏是由于供油不足或缺油引起的，齿轮表面的颜色发蓝显然是由于转子主、从动齿轮经过了高温后引起的。为此，对机组的供油系统进行了分析和初步的核算，油系统供油总管和主、辅油泵的两路分支管都是 DN65 的管道，润滑油为高黏度的 150#压缩机油，管道内润滑油流速低，尤其是气温比较低的情况下，压缩机刚开机时，没有电加热器，油箱油温低时，更是如此。因此，对于高黏度、依靠重力自流的流体来说，管道的流体线速宜取不大于 0.7m/s，再结合泵的额定流量，这样计算下来，润滑油总管线系统设计存在缺陷，设计管径偏小，通流能力不够，DN65 的润滑油总管不能满足两台润滑油泵并列百分百满负荷运行，这一点希望压缩机厂家今后在设计时一定要考虑这方面的因素，即在机组启动的过程中，主、副油泵两台泵是需要并列运行一段时间的，需要等到润滑油压稳定后，才能手动停辅油泵。这样，在机组启动的过程中，而且没有及时停运辅油泵的情况时，由于主油泵的位置较高，所以抽吸能力远不及位于地面的辅油泵；如果主、辅油泵并列运行，容易造成主、辅油泵在并列运行的这一段时间内，主油泵的供油不足或者缺油，主油泵的主、从动齿轮就会发生干摩擦，最终导致压缩机在开车的过程中极易发生主油泵齿轮损坏的事故发生。

另外，在没有设置润滑油总管油压低低联锁延时的情况下，当停辅油泵时，因主油泵还处于供油不足或者缺油的状况，润滑油总管油压会有一个瞬间失压的过程，油压低低联锁，导致压缩机停车，这是造成10月4日第一次开车时，压缩机联锁停车的原因。

5 整改措施

针对主油泵转子的损坏情况，初步判断机组润滑油管线系统存在问题，需要对润滑油管线系统进行整改。整改的措施有两条：

1）供油总管扩径

供油总管扩径是比较容易的，但如果仅加粗供油总管就毫无意义，还需要对曲轴箱的底部的供油口进行扩孔。由于曲轴箱是整体铸造的，现场扩孔的难度较大，而且还需要将油池退油，条件不具备，该措施不合适。

2）主、辅油泵的吸入口管线分开

通过现场查看，发现压缩机在供油口机身的另一侧、曲轴箱的底部有一 DN50 的放油口，于是决定修改该放油口的用途。把主、辅油泵的吸入口管线分开，由油池分别直接给主、辅油泵供油。辅油泵运行时间较短，由管径较小的 DN50 的放油口给辅油泵供油，主油泵是长期运行的，由管径较大的 DN65 的原供油口给主油泵供油。两台压缩机的系统一样，存在的问题也一样，两台压缩机的润滑油供油系统管线整改同时进行。这一改动，需要不锈钢弯头、大小头、钢管等材料，大部分材料利旧，从10月18日材料备齐到10月23日整改完毕，一共花了5天的时间。系统整改如图4-54所示。

6 改造效果

10月25日，压缩机B机首先进行了空负荷试车，试车状况良好，两台压缩机无论空负荷试车、还是负荷试车以及正常运行，压缩机的轴承温度、油泵运行状况，机组工艺参数等都正常，满足设计要求。通过上述整改，达到了预想的效果。

7 建议

1）重视对辅助系统的设计

压缩机厂家设计人员在进行压缩机的整体设计时，不仅要对体现研制水平和能力的机

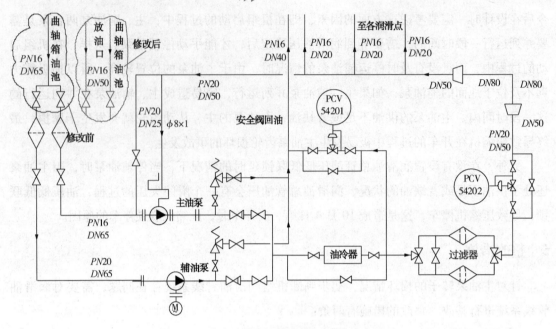

图 4-54　往复压缩机机组润滑油系统整改前后

身、曲轴、连杆、十字头、接筒等这些重要零部件高度重视，对于机组的布置、基础、流程、气、水、油管路等外围系统的布置、尺寸大小等也不能忽视。要认真分析，仔细计算，对像容积泵的流量是不能调节的等设备的特性、润滑油的黏度、黏温特性等物料的特性要了解清楚，要按照最大流量配管等，做到管线口径的大小与油泵的最大流量等要匹配达到机组本身、所有的辅助系统协调一致、更加完美、精益求精，使工厂的设计水平和制造能力更上一层楼。

2）不断完善、修改，努力提高设计水平

压缩机自从德国引进后，轴头泵的设计安装位置多少年来一成不变，设计上从来就没有想法去修改。实际上，本次往复机压缩机出现的轴头泵的故障不是偶然的，有其必然性，就是由于轴头泵的位置太高，导致了轴头泵出现故障。从设计出发，解决的办法也很简单，把轴头泵的增速齿轮放在曲轴的下方，这样，就可以从根本上消除轴头泵的抽空，从而避免轴头泵的损坏。

【案例4】 永磁调速风机振动高和噪音大的原因分析

1 简介

90 万吨/年歧化装置的进料加热炉及烟气余热回收系统设有两台离心式叶片后弯型鼓风机，型号为 G4-73No9D，一开一备，一台离心式叶片后弯型引风机，型号 Y4-73No12D，鼓、引风机均由陕鼓集团生产。为了达到节能降耗、经济运行的目的，三台风机设计都采用永磁调速器改变风机的转速，从而对风量可以进行调节，永磁调速器采用南京艾凌公司生产的产品。

2 永磁调速器的结构及调速原理

电机通过永磁调速器驱动风机，永磁调速器由导体转子、永磁转子和调节器三部分组成。结构如图4-55所示。永磁转子在导体转子内，由于两者无连接，其间由空气隙分开，并随各自安装的旋转轴独立转动；调节器调节永磁转子与导体转子在轴线方向的相对位置，以改变导体转子与永磁转子之间的啮合面积，实现改变导体转子与永磁转子之间传递转矩的大小。导体转子安装在输入轴上，永磁转子安装在输出轴上，当导体转子转动时，导体转子与永磁转子产生相对运动，永磁场在导体转子上产生涡流，同时涡流又产生感应磁场与永磁场相互作用，从而带动永磁转子沿与导体转子相同的方向转动，结果是将输入轴的转矩传递到输出轴上；输出转矩的大小与啮合面积相关，啮合面积越大，扭矩越大，反之亦然。永磁调速系统如图4-56所示。

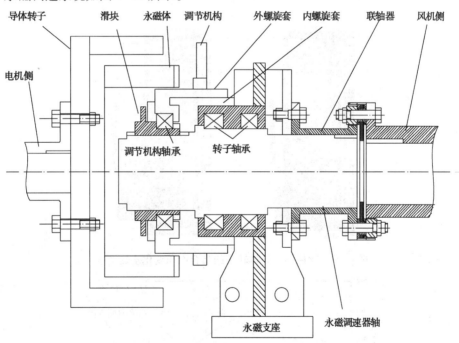

图4-55 永磁调速结构图

永磁转子在调节器作用下，沿轴向往返移动时，永磁转子(外面)与导体转子(里面)之间的啮合面积发生变化。啮合面积大，传递的扭矩大，风机转速高；啮合面积小，传递的扭矩小，风机转速低。如图4-57所示。

图4-58是风机功率随着转速变化而变化的关系图，即调速节能原理。

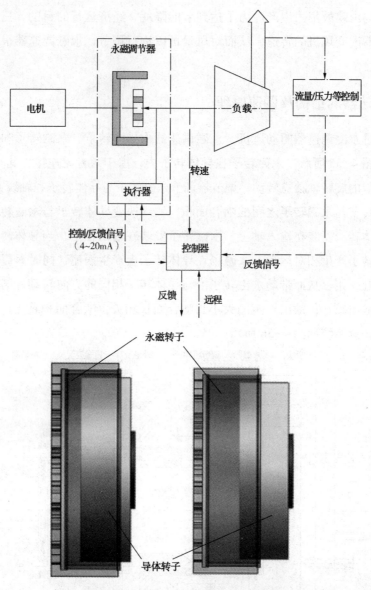

图4-57 永磁体与导体转子的啮合面积变化永磁调速

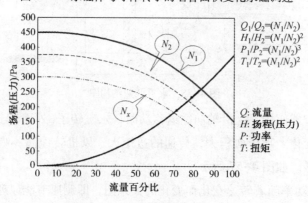

图4-58 永磁调速节能效果示意图

3 风机机组配置

风机为悬臂式结构，独立的齿轮箱，通过单叠片联轴器与永磁调速器的永磁转子相连，永磁调速器的导体转子与驱动电机采用刚性联轴器连接。电机驱动与之相连的永磁调速器的导体转子，永磁转子通过磁场的作用随着导体转子的转动而转动，从而带动风机旋转。风机齿轮箱和电机位于统一刚性联合底座上。如图4-59所示。

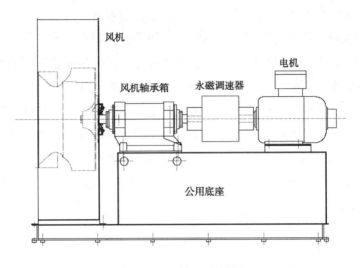

图4-59 风机组布置图

4 试车情况

风机投用后，引风机风机组和一台鼓风机机组的轴承箱、永磁调速器和电机等轴承振动一直较高，特别是引风机机组的振动超过 10mm/s 以上，风机组的联合底座的振动也较高，整个机组周边噪音大，达到 110dB。鼓风机机组重新对中后，运行正常，但引风机机组进行多次对中复查，一直没有明显效果。

5 原因分析

大部分情况下，引起风机组轴承的振动高的原因主要有轴对中不好、转子动不平衡、底座整体刚度不够等，下面就上述几方面的问题进行逐一分析：

1）转子动不平衡

转子按要求做动平衡试验，风机的转速低，要求的精度等级不高，为 G5.6，试验结果没有问题，到达现场后，因为振动高，又进行了复查，结果良好。

2）轴不对中

风机齿轮箱与永磁调速器的永磁转子是通过单叠片联轴器连接，对于这样的配置，联轴器最多只能允许 1° 以内的角位移，是不能吸收水平和垂直方向的径向位移的，即风机齿轮箱与永磁转子的对中曲线是不能预留水平或垂直方向等径向膨胀量的。导体转子与驱动电机之间的连接采用的是刚性联轴器，这就是说，风机齿轮箱、永磁调速器的永磁转子、导体转子冷态对中曲线就是一条水平的直线，不存在预留热膨胀量，设计计算冷态对中曲线不存在问题，复查对中也不存在问题。

3）联合底座整体刚度不够

经过对现场反复仔细地观察，发现风机组轴承振动大的源头可能来源于永磁调速器导体转子支座处的底座，这里的振动大、噪声高，用手去摸联合底座、设备等，有一种麻的感觉。经初步分析，出现这样的情况，一般有两种原因：一是联合底座翘曲变形，二是由于联合底座的整体刚性不够。第二种情况的可能性大，由于联合底座的整体刚性不够，风机组旋转时振动高，旋转的风机组与联合底座产生了结构共振，导致联合底座、风机轴承箱和永磁调速器体的振动大；而联合底座下面是一个半封闭腔体，机组与联合底座产生的共振又传递给半封闭腔体内的空气，最终半封闭腔体内的空气产生了气流的共振，其结果是噪声大，经检测，联合底座半封闭空腔内的环境噪音超过 110dB。这就是当时振动大、噪音高的主要原因。

6　整改措施

由于联合底座的整体刚性不够，为了增加其刚性，在空腔底座的内部，再用几块槽钢进行加固处理。

7　实施效果

联合底座加固处理完成后，联合底座的整体刚性提高，重新对中找正，再次开机，风机组运转正常，运行状态大为改善，风机组各处的轴承振动值降低到 2mm/s 以下，环境噪音也降到仅 60dB 左右，说明本次改造是成功的，达到了预期的效果。

8　啮合面积调节永磁调速器设计存在的问题及改进建议

啮合面积调节永磁调速器与间隙调节永磁调速器相比，在小功率方面两者没有太多的差别，但啮合面积调节永磁调速器在大功率方面的应用则存在很大的障碍。

1）设计结构上存在的主要问题

（1）导体转子与永磁转子的对中调整困难

由于风机机壳的移动受到限制，风机转子也就无法移动，所以，在进行风机组对中时，首先是根据风机动静部分的间隙等调整好风机组的轴承箱，轴承箱调整好后，再以轴承箱为基准，调整永磁调速的永磁转子；而永磁转子与导体转子相互之间存在很大的磁力，在这种情况下是很难调整永磁转子的。

为了避免导体转子对永磁转子的磁场力的干扰，需把导体转子移开，永磁转子调整好后，再调整导体转子，一是调整导体转子与永磁转子的上下左右之间的周向间隙；二是调整永磁转子与电机的对中，导体转子与永磁转子之间存在相互作用的磁场力，调节起来是非常困难的，需要采取很多措施、手段和方法。总之，由于导体转子与永磁转子之间存在很大的相互作用的磁场力，永磁调速器的风机组的对中不是一件容易的事，非常麻烦和繁琐。图4-60为现场安装效果图。

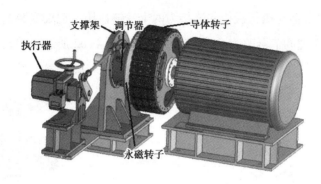

图4-60 永磁调速器安装图

（2）支撑轴承和调节轴承难以采用油浴润滑

由于受到结构的限制，设计轴承箱油池存在较大的困难，因此，支撑轴承和调节轴承就难以采用油浴润滑，无法在适合大功率机器上得到应用。

（3）支撑轴承和调节轴承设计不合理

由于设计不合理，造成安装、检修比较困难。

（4）大功率永磁调速器的导体的冷却设施设计困难

从依靠啮合面积来调速的永磁调速器的结构来看，采用自带风冷比较容易实现，但对于大功率永磁调速器来说，风冷可能无法带走涡流产生的大量热量，需要采用效果更好的水冷却，结构设计上也是存在较大困难。

2）改进建议

（1）导体转子增加定位螺钉

为了简化风机组在检修对中时的麻烦，可以把永磁调速器的结构稍稍加以改进，在风机组对中之前，那就是可以先把永磁调速器的导体转子与永磁转子之间相对固定下来，固定的方法是在图示位置的 A、B、C 三个方向设计几个定位螺钉即可。如图4-61所示。当检修进行风机组对中时，先把定位螺钉拧紧，把导体转子固定好，这样，一方面，避免了导体转子与永磁转子之间的磁场力的相互影响带来的不便，另一方面，永磁调速器出厂时已调整好的导体转子与永磁转子之间的间隙，到现场后不会再发生改变，不用每次检修时为如何调整周向间隙发愁。

（2）把导体转子用轴承直接固定在永磁体轴上

对于功率比较大的永磁调速器，导体转子直接用一个滚动轴承固定在永磁体的轴上，这样，导体转子与永磁体的周向间隙就永久固定下来了，不会再发生改变。同时，导体转子与永磁体就可以组装成一个整体出厂，极大方便了设备成套厂家。当然，这样的结构会使导体转子的轴向尺寸略为变长。

（3）调节器改铰链为凸轮调节机构

图4-60中，调节器与执行机构的连接为两个铰链连接，现场安装起来比较繁琐，调节也不是太灵活。如果把调节器改为凸轮调节机构，如图4-62所示，安装更方便，执行机构的配置会更灵活。

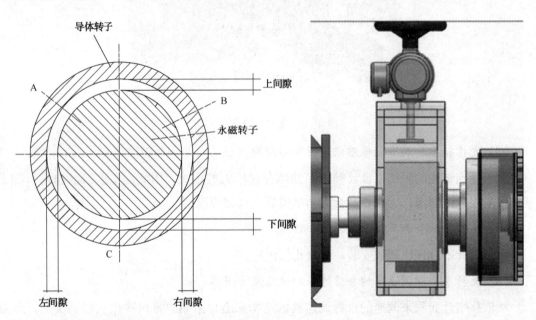

图4-61　永磁调速器导体转子与永磁转子的间隙调整　　　图4-62　永磁调速器凸轮机构

（4）永磁调速器结构设计有待改进

由于啮合面积调速的永磁调速器与间隙调节的永磁调速器结构不同，避免了专利上的纠纷，是一种技术上的创新与突破。但是，由于结构设计的原因，支撑轴承不能采用油浴润滑，导体转子不能采用水冷等，难以在大功率上得到应用和推广，因此，其结构设计急待改进与提高。

9　设计应该注意的问题

风机组在设计、制造中要注意以下几点：

① 风机轴承箱宜选用整体轴承箱结构，一是增强风机转子的支撑刚性，二是检修、维

护方便。

② 风机机壳的刚度一定要保证，否则，由于机壳刚度不够，容易引起运行过程中风机机壳振动高，同时也产生相当大的噪音。

③ 合理设计联合底座的结构，一定要保证联合底座的刚度。

机　　泵

1　简介

60 万吨/年对二甲苯项目一共有工艺流程泵 229 台，其中，磁力泵 14 台，吸附塔 3 台循环泵、二甲苯 3 台塔底泵、二甲苯塔 2 台塔顶泵等关键台位的 8 台大型机泵，由于温度高、流量大，达到 3800m³/h 以上；国内制造厂没有相应的应用业绩，泵头引进，为 Flowserve 荷兰工厂生产的产品。

机泵的选用原则，一方面要尽量降低投资成本；另一方面还要保证关键机泵运行的长周期和可靠性，把项目的机泵分为 A、B 两大类，温度较高的、流量较大的塔底泵、装置进料泵等关键机泵为 A 类泵，其余泵为 B 类泵，相应地，供应商也分两档，A 类机泵由国内较好的苏尔寿和嘉利特参与竞标，B 类机泵由由格瑞德等泵厂参与竞标。

2　安装

① 本项目所有机泵全部采用无垫铁安装、一、二次灌浆全部使用无收缩专用灌浆料，确保了机泵的安装质量，缩短了安装周期。

② 切实做好机泵的无应力配管工作。

由于很多人包括制造厂不太理解机泵的无垫铁安装，设计上存在不少缺陷，一是垫块顶丝与地脚螺栓的距离太近，顶丝位于地脚螺栓孔处、垫块无法安放。二是机泵底座的底板采用的是槽钢，表面是有一定倾斜度的，螺栓无法紧固等等，这些问题需要在今后的设计中泵厂加以改进。

3　试车情况

由于施工单位的水平参差不齐，项目施工进度很不协调，很难按照常规的办法批量进行机泵的试车考核。采取的办法是，部分分批集中，具备几台就先试几台，流量不大的泵采用移动水箱。在整个项目的试车过程中，主要出现的问题是磁力泵的 SiC 轴承损坏频次高；高温泵、多级泵和进口大泵停下来后，卡涩盘不动车；少数泵振动高等等。尽管出现了上述一些问题，但没有对整个项目进度造成大的影响，总的来说，试车情况还是可以的。

【案例 5】 磁力泵轴承故障及改进

1 简介

与使用机械密封或填料密封的离心泵相比较，磁力泵泵轴轴端密封由动密封变成封闭式的静密封，避免了介质泄漏。项目中含苯介质的泵选用磁力泵，一共有 14 台。但在开车及运行过程中，磁力泵故障频次非常高，从开工到运行后的 4 个月时间内，14 台磁力泵的轴承都不同程度的损坏，最严重的内磁缸损坏、隔套磨穿、泵轴弯曲。歧化装置两台进料泵因为都损坏，直接影响了装置开车进度。图 4-63 为磁力泵现场图。

图 4-63　磁力泵现场图

2 磁力泵的结构及原理

磁力泵由泵、磁力传动器两大部分组成，结构见图 4-64。关键部件磁力传动器由外磁转子、内磁转子及不导磁的隔离套组成。当电动机带动外磁转子旋转时，磁场能穿透空气隙和非磁性物质，带动与叶轮相连的内磁转子作同步旋转，实现动力的无接触传递，将动密封转化为静密封。由于泵轴、内磁转子被泵体、隔离套完全封闭，从而彻底解决了"跑、冒、滴、漏"问题，消除了石油化工行业易燃、易爆、有毒、有害介质通过泵密封泄漏的安全隐患。

内磁转子由滑动轴承支撑，由于采用自身介质润滑，润滑性差，一是轴承要有自润滑性，二是要具有耐磨、耐腐蚀性、耐高温等，所以，滑动轴承一般选用 SiC 轴承。

3 磁力泵的保护和状态监测

为了更好地监视磁力泵的运行，保护好磁力泵，在条件许可的情况下，可以对磁力泵

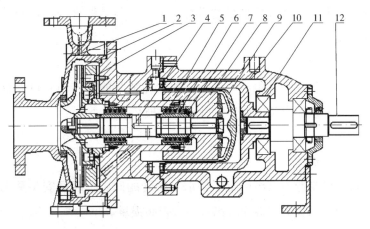

图 4-64 磁力泵结构图

1—泵体；2—叶轮；3—泵盖；4—泵轴；5—轴承；6—轴套；

7—止推环；8—内磁转子；9—隔离套；10—外磁转子；11—轴承体；12—传动轴

增上一些保护和状态监测系统，主要有：防过载和干运转的功率保护器、压差开关、滑动轴承温度探头、防隔套磨损的液体泄漏探头以及轴振动探头等等。

4 轴承失效的几种常见情况

磁力泵损坏最常见的故障就是滑动轴承失效，失效的型式大多是脆裂，如图 4-65 所示。引起滑动轴承失效的因素很多，主要有选材不合适、材料的制造工艺不合理、轴承的结构设计有缺陷、安装精度不够、介质的性质影响以及操作问题等几个方面，无论哪个环节出了问题，滑动轴承都会出现不同程度的损坏。以上这些因素包括了制造、使用和维修技术水平等多方面，从以下几个方面对轴承损坏的因素进行分析。

 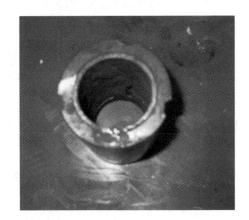

图 4-65 磁力泵常见的 SiC 轴承损坏情况

1）材料及制造工艺

（1）热膨胀系数的影响

碳化硅的热膨胀系数低，只有不锈钢的 1/4，当介质温度较高或者轴承冲洗流道不合理时，不管哪种情况，最终的结果是轴承的运行温度高，与其配合的不锈钢件之间产生间隙或过盈而导致轴承损坏。

（2）应力集中的影响

碳化硅硬度高，难加工，直角不可避免，轴承和轴套的防转销开口处及锁紧装置的棱边处都会造成很大的残余应力集中而导致滑动轴承损坏。

2）安装质量

（1）滑动轴承间隙调整

碳化硅轴承在生产制造中已经确定了轴承与轴套的间隙，现场安装是无法调整的，但需要检查测量及记录，以备下次拆检时比对，检查磨损量。

（2）转子推力间隙调整

在完成泵体总装后，对转子的窜量进行检查，其窜量应在检修标准规定的范围内进行，根据厂家给定数据进行核实，装叶轮前可通过加减轴承盖的垫片调整，装叶轮后可通过调整叶轮处垫片厚度进行调整。

3）操作

（1）开泵前入口排气不充分

泵的腔体如果排气不充分，泵会产生汽蚀，泵的振动大，容易导致 SiC 轴承脆裂。严重时，由于轴承脆裂的小块硬度大，可能还会引起磁缸、隔离套的磨损。因此，开泵前，入口要充分排气。

（2）泵在小流量下运行

磁力泵的运行范围比普通离心泵相对控制要严格一些，泵在额定流量的40%以下运行，泵的振动增大，从而导致 SiC 轴承脆裂，因此，严禁泵在小流量下运行。如果因为工艺需要，就应该设置回流线或最小流量线，保证泵的最低流量。

（3）吸入罐液位低

如果吸入罐液位低，泵容易抽空，导致泵轴承损坏。

（4）入口压力波动

由于操作波动，导致泵入口压力波动，泵运行不稳定，泵的振动大。

（5）入口过滤器清洗不及时

如果介质中含有杂质，特别是金属颗粒杂质，一旦进入内磁缸与隔离套之间，会造成隔离套磨损，要及时对泵的入口过滤器进行清洗。

5 本项目磁力泵损坏的主要原因

由于磁力泵转子全部封闭在介质流体内，一是介质的润滑性差，二是介质中含杂质，所以，磁力泵转子的支撑不能像普通的离心泵那样选用轴承钢滚动轴承或巴氏合金滑动轴承。一般选用 SiC 滑动轴承。SiC 作为滑动轴承的优点是具有高的强度和硬度，较好的自润滑性，优良的耐化学腐蚀、耐磨、极佳的耐高温性能，缺点是材料较脆，毫无预兆的灾难性破坏是其致命缺陷，受冲击力作用时容易破裂，特别是在机泵抽空的情况下，SiC 轴承特别容易脆裂，变成若干小块。脆块边沿非常尖锐锋利，SiC 硬度大，由于泵的转速高，因此，一旦 SiC 轴承脆裂，在极短的时间内，脆块对隔离套、磁缸、轴等造成极大的破坏和损伤，严重时整台泵报废，甚至引发其他次生灾害。从本项目中磁力泵损坏的情况统计来看，大多是 SiC 滑动轴承发生了脆裂。

因此，SiC 轴承结构设计是否合理，轴承不脆裂，是磁力泵能否正常稳定运行的关键所在。

6 建议及措施

经过一段时间的运行，所有的磁力泵都或多或少出现了一些问题，检修的频次最高，问题大部分集中在轴承上，通过对这些问题进行分析，发现轴承在结构设计上的确存在一些问题，建议的改进措施如下。

1）泵入口最好设计成磁性过滤器，更有效去除金属颗粒杂质。

磁力泵的隔离套与内磁缸之间的间隙比较小，一旦金属颗粒杂质随介质进入泵腔，就有可能进入隔离套与内磁缸之间，把隔离套磨穿，引起泵的故障。因此，泵入口最好设计成磁性过滤器，更有效去除金属颗粒杂质。

2）推力轴承由平面表面改为波浪形表面

SiC 推力轴承不可能设计成 Michell 或 Kingsbury 型式的可活动瓦块；如果 SiC 推力轴承表面设计成平面结构，推力盘和推力瓦块之间的楔形间隙就无法形成，尽管 SiC 轴承有较好的自润滑性，但推力盘与推力瓦块直接接触，影响推力轴承的使用寿命。为了在 SiC 推力轴承表面形成楔形间隙，把 SiC 推力轴承由平面表面改为若干个波浪形斜面，使推力轴承表面形成与泵轴旋转方向一致的若干个收敛型楔形间隙，见图 4-66。这样，当转子旋转时，介质被不断带入楔形间隙，产生动压效应，形成具有抗压能力的动压液膜，以承受泵轴的轴向推力，并将推力传递给轴承座。由于推力轴承与推力盘之间形成了液膜液体润滑，所以在泵正常运行时，推力盘与推力瓦块之间不会产生直接摩擦，一方面降低了推力轴承温度，另一方面，推力盘与推力瓦块之间形成的稳定的液膜具有很好的减振作用，可以大大提高轴承寿命。

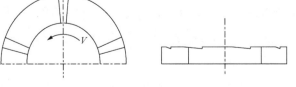

图 4-66　SiC 推力轴承改进

3）径向轴承增加不锈钢套或分块镶嵌

在介质温度不高、轴径不大的情况下，SiC 滑动轴承应设计成带不锈钢轴套的结构，一方面，增强轴承的抗振能力，另一方面，即使 SiC 滑动轴承脆裂，不锈钢套还能使脆块保持原来的形状，不会完全散开，最大可能避免 SiC 滑动轴承脆裂后对泵轴造成损伤。

在介质温度较高、轴径较大，而且 SiC 轴承在没有设计不锈钢套的情况下，大直径的单一 SiC 轴承是非常容易脆裂的，寿命非常短。如果增加不锈钢套，由于 SiC 和不锈钢的热膨胀系数差别大，容易导致 SiC 滑动轴承因不锈钢套膨胀而开裂。因此，仅仅依靠在 SiC 轴承和轴之间增加波纹带等弹性体来吸收轴的膨胀是不够的，必须改变目前的轴承设计思路，把 SiC 轴承设计成若干小块，分片镶嵌在轴承体上，如图 4-67 所示。毕竟，泵的保护和状态监测系统是一种事后措施。一般情况下，厂家是不愿意改变现有泵的结构设计的，用户应与厂家进行良好的沟通，让他们有修改现有结构设计的动力，提高产品质量。

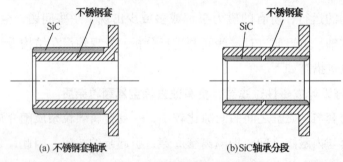

图 4-67　径向轴承镶嵌不锈钢套

总之，对于功率在 75kW 以上的磁力泵来说，SiC 轴承不能因其有自润滑性而简单设计成平面结构，一定要设计成动压轴承。SiC 轴承一定要带钢骨架，直径较大的轴承，SiC 不宜采用整块的结构，宜采用分片或分段设计制造或者采用更为先进的纤维 SiC 轴承。

【案例6】　多级泵设计存在的问题及改进

因为介质有毒有害，所以装置中使用的多级泵，都是 API 610 中的 BB5 双筒体结构，水平安装，两端双支撑。

1　试车情况

在本项目中，进行多级泵试车时，多级泵的运行情况包括泵的振动等都是比较好的。但在开车初期，少数多级泵试运停下来后，先后发生过一些问题，主要有：

一是盘车非常困难。泵解体检查发现，一般都是泵叶轮密封环和壳体密封处存在卡涩、磨损痕迹。

二是非驱动端拆卸比较困难。

2 泵发生卡涩可能的几种情况

1）管道、系统中有金属杂质

本项目由于时间紧，装置没有进行整体水联运，只是局部分块分系统进行，有的甚至是单塔试运行。所以，在开车阶段，管道、系统中的一些杂质，特别是设备、管道内壁脱落的氧化皮，不可避免地进入泵腔，随后进入泵的密封环中。泵在一直运转时不会形成卡涩，一旦泵停下来，这些杂质，特别是金属颗粒就停留在配对的密封环中，造成卡涩，导致盘车困难。

2）泵体降温冷却不均匀

由于装置是逐步投用、逐步试运行的，整个系统的大循环还没有建立起来，不能像装置正常运行那样，有的高温泵停下来后甚至无法进行预热，泵体又没有保温，这样，当泵停下来后，泵体的降温冷却不均匀，泵的动静部分热胀冷缩不均匀、变形不一致，会引起泵的动静部分碰磨。

3）泵叶轮密封环和壳体密封环配对密封环设计间隙小

设计时，一定要弄清楚泵的操作条件，确保泵叶轮密封环和壳体密封环的设计间隙满足运行要求。

3 结构设计不合理，拆卸困难

由于多级泵的结构复杂，很多部位如轴套、叶轮、节流套等都是过盈配合，拆卸起来比较困难，一旦多级泵运行出现故障，需要对泵进行解体检查、检修，其工作量往往不亚于一台一般压缩机的检修工作量。因此，对于多级泵的结构设计的合理性一定要审查，要便于现场拆装。由于部分设计人员缺乏现场实际经验，或者重视程度不够，往往多级泵的有些结构设计不尽如人意，拆卸起来很困难，有时不得不采取破坏性的办法拆卸。

2014年4月29日，歧化装置因需要处理循环氢离心压缩机的轴瓦温度探头，装置计划停工两天。由于操作不当，其中一台多级泵抽空，引起泵体振动高，导致泵的非驱动端轴承损坏，轴承温度高，同时非驱动端机械密封泄漏，泄漏介质喷溅到高温轴承着火，还引发一个小的火灾。

初步分析，泵的非驱动端的机械密封和轴承损坏，仅需拆卸非驱动端轴承箱，泵无须抽转子，拆卸工作量不大，但拆卸时，发现轴承箱根本拆不下来。

对轴承箱结构进行分析发现，轴承箱的结构设计有问题，理由如下：

滚动轴承是标准件，对于轴承的设计，轴承内圈是基孔制，轴承外圈是基轴制。一般情况下，轴承内圈与泵轴的配合采用过盈配合，轴承外圈与轴承座孔的配合采用过渡配合，因此，拆卸时，必须先把轴承箱体拆下来，轴承拆卸才有着力点，才能把轴承从轴上拿下来，如图4-68所示。

　　轴承采用的7000系列的背靠背配对轴承，滚动体与轴承的内外圈是不可分离的，轴承内圈与泵轴采用的又是过盈配合，因此，拆卸轴承箱时，连同两个轴承一起拆下来是非常困难的，一般是单独把轴承箱先拆下来，但内侧轴承的外圈是由轴承箱体定位的，如图4-69(b)所示。轴承箱根本不能单独拆下来，要么破坏轴承箱体，要么破坏轴承，所以，对于该台需要检修的泵，采取破坏轴承的办法，先

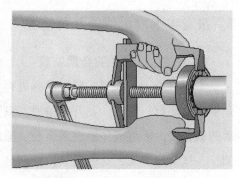

图4-68　从轴上拆卸轴承

把外侧的轴承外圈割开一个缺口，把轴承滚动体一个个从缺口取出，把外侧轴承先拿下来，然后，再把轴承箱连同内侧轴承一起从泵轴上拿下来。

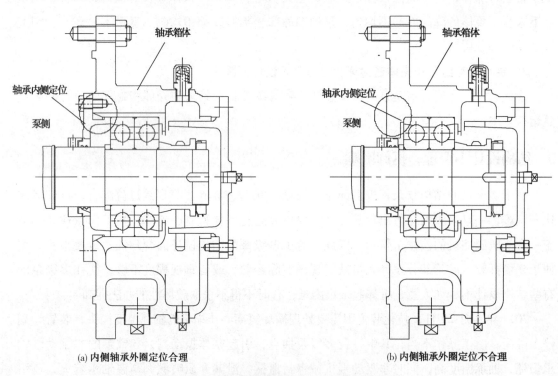

(a) 内侧轴承外圈定位合理　　　　　　　　　　　　(b) 内侧轴承外圈定位不合理

图4-69　多级泵轴承轴向独立的固定设计修改

由此看来，轴承箱的轴承定位结构设计有问题，导致轴承箱拆卸困难。

4　采取措施

　　针对上述情况主要采取了如下措施：

　　① 提高泵的入口过滤器清洗频次；

　　② 对高温泵泵体进行保温。

5 原因分析

通过对少数泵卡涩盘不动车的情况进行了解体、检查分析，泵配对密封环设计间隙基本上没有问题，有的泵根本就不是高温泵，根本就不存在密封环设计间隙小的问题。

在试运过程中，多次出现泵卡涩、盘车困难，上述几个方面的原因都不同程度的存在，归纳起来，原因主要是系统没有进行水联运，管道、系统中的金属杂质进入泵腔，随后进入泵的密封环中，导致卡涩，其次才是泵体降温冷却不均匀所致。

6 改进建议

1）方案1

轴承箱的结构设计也就是外圈的轴向固定修改如图4-68中所示，内侧轴承的外圈由单独的可拆卸的独立的轴承盖定位。拆卸轴承箱前，先把内侧轴承的独立的轴承盖拆下来，就这么一个简单的修改，轴承箱体就能单独轻松拆下来，后面的拆卸就比较简单了。

2）方案2

由于是多级泵，泵的功率比较大，建议制造厂以后可以更改这类泵型轴承箱的设计，直接把滚动轴承改为滑动轴承，滚动轴承轴向定位，也解决了轴承拆卸难的问题。

【案例7】 大流量高温泵对中存在的问题及改进建议

1 简介

60万吨/年对二甲苯项目一共有8台大流量高温泵，分别是吸附塔循环泵102-P-601A、B，二甲苯塔顶泵102-P-804A、B，二甲苯塔底循环泵102-P-803A、B、C，这几台泵都是装置最为关键台位的大型机泵，由于国内制造厂没有相应的应用业绩，泵头采用进口产品，由Flowserve公司荷兰工厂生产。

这8台大流量高温泵除叶轮直径大小不一样外，泵的其余结构都一样，泵型号均为DSJH 18×20×34，其中二甲苯塔底循环泵102-P-803A、B、C的叶轮直径为795mm，这8台泵是目前同类装置中叶轮直径和功率最大的泵，泵转速为1450r/min，驱动电机选用国产电机，为南阳防爆集团生产的产品，功率为1250kW。

泵设计制造完全满足API 610标准，由于泵介质温度高、有毒有害，密封方案采用23+52的串联密封方案，密封选用John Crane公司的产品。

泵组配置见图4-70所示。

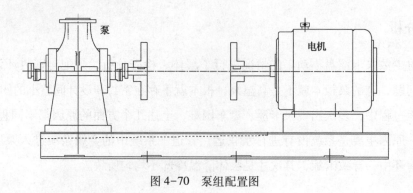

图 4-70　泵组配置图

2　设计参数

泵型号：DSJH 18×20×34

介质：C_8 芳烃

额定流量：3538m^3/h

扬程：165m

进/出口压力：1.892MPa/2.742MPa

泵必需汽蚀余量：7m

操作温度：330℃

转速：1490r/min

材质：C-6

电机功率：1250kW

3　泵结构设计特点

① 单级双吸双中心支撑结构离心泵、两侧的叶片采用非对称布置，交错设计结构，有效降低双吸泵的出口压力脉动，改善泵的流体吸入性能、流体流动性能和稳定性。泵型为BB2，泵壳为径向剖分，双蜗壳设计，支撑轴承采用滑动轴承，滚动轴承用来平衡异常状况下的轴向力，起到轴向定位的作用，径向双蜗壳的结构设计减少滑动轴承径向载荷，大大延长滑动轴承使用寿命，极大提高了泵的运行平稳性，泵的性能曲线平坦，操作范围宽。泵的结构如图 4-71 所示。

② 泵体前后采用完全对称结构设计，减少配件数量，另外，在空间有限的情况下，泵转子不仅可以从联轴器端抽出，还可以从泵外端抽出，增加了检修的灵活性，给检修带来很大方便。

③ 采用四级电机，充分考虑了泵的装置汽蚀余量，泵的效率为82%，泵运行平稳，降低能耗。

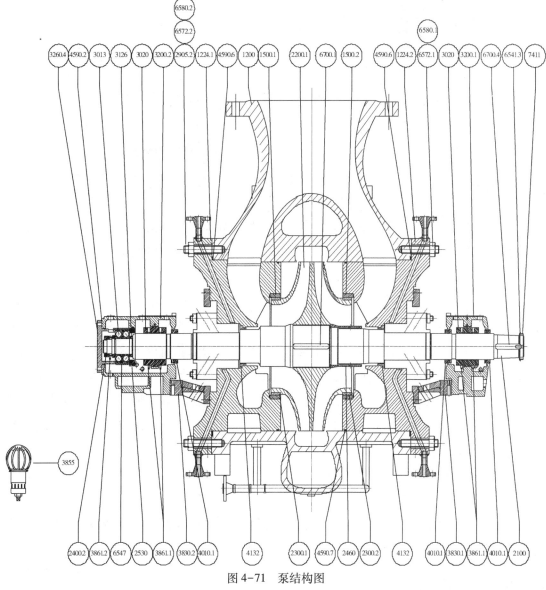

图 4-71 泵结构图

④ 泵轴的联轴器端采用锥形设计，便于半联轴器的拆卸。

⑤ 轴承润滑方式采用油浴润滑、每个滑动轴承设有 X、Y 两个方向的振动监测。

⑥ 合理精心设计的专用工具，非常方便泵盖的拆装。如图 4-72 所示。

4 泵轴系计算的冷态对中曲线

一般情况下，即使高温泵，如果泵的功率不大，一般不考虑支座热膨胀量，即泵的对中曲线就是一条简单的水平线。但由于这三台泵的运行温度高，高达 330℃，泵支座的垂直热膨胀量比电机的大很多，所以，最后的泵组的冷态对中曲线中，预留垂直热膨胀量大；设计给定值电机轴比泵的轴中心高 1.08mm，如图 4-73 所示。

图 4-72 泵盖拆卸专用工具

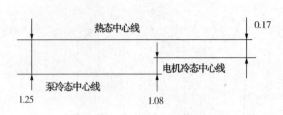

图 4-73 泵组冷态对中曲线

5 对中情况

装置在试运初期,二甲苯加热炉没有点火投用,介质温度不高,在冷介质循环时,进行联轴器对中,不用考虑泵的支座热膨胀量的预留,即冷态对中曲线就是一条水平线;在这段运行期间,泵的运行温度不高,泵不会有什么问题。

但装置试运行的过程中,加热炉点火慢慢升温时,循环介质逐步由冷态转变为热态,这样,按照冷态循环介质进行对中的泵就会慢慢不对中了,影响泵的正常运行,所以,泵组需要重新对中。因此,打算在系统升温的过程中,三台泵轮流停下来,进行冷却,按照厂家给定的冷态对中曲线进行对中。其中一台泵停下来后,另外一台泵在运行,在对泵进行冷态找正时,发现百分表的指针摆动十分厉害,根本无法读取数据,也就是说装置运行时,无法进行泵组对中,装置被迫停下来,泵组对中按照厂家给定的对中曲线一步到位,但螺栓根本无法穿上。

至于百分表的指针的摆动厉害的问题,可能有如下两点原因,一是由于管系太粗,在开工初期,管系应力还未完全得到有效释放;二是运行泵在小流量下运行,振动本身大。无论哪种情况,其结果都是振动传递给管系再到泵体,半联轴器法兰就会振动,从而引起百分表的指针摆动。

6 联轴器螺栓设计

联轴器螺栓孔连接设计为铰制孔螺栓联接设计,螺栓直径与其孔之间的基本尺寸是一样的,属于配合设计,是一种过渡配合。过渡配合是不能允许在垂直方向有这么大偏差的。因此,在冷态时,按照厂家给的冷态对中曲线找正,螺栓根本穿不进去。

7 采取的措施

冷态时螺栓穿不进去,热态时由于振动又无法进行打表对中,后来不得不采取折中的办法,减少泵支座的预留热膨胀量,泵和电机在垂直方向的热膨胀差,由厂家资料给定的1.08mm改为0.8mm,螺栓勉强能够穿进去,最后实际对中的结果有多大偏差还不得而知。

8 改进建议

对于大直径、大流量高温泵来说，支座在垂直方向的热膨胀量大，可能会发生在冷态对中时，联轴器螺栓穿不上去的情况。因此，在设计这类泵时，要非常重视热膨胀对对中曲线及联轴器安装的影响。

影响支座热膨胀量大小不外乎两个因素：一是泵壳产生的热辐射，二是泵壳支耳的热传导。针对上述因素，建议做以下改进：

① 做好泵壳体等部位的保温工作。对泵壳体尤其是壳体下半部分和泵支座的内侧要做好保温，减轻泵壳体内的高温介质通过泵壳体对泵支座的热辐射。

② 在设计许可的情况下，适当加宽两个泵支座之间的跨距。

③ 适当考虑加长联轴器的中间段尺寸。

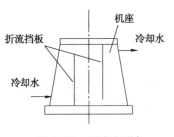

图 4-74 泵支座增加
冷却水冷却

④ 设计泵支座时，可以考虑泵支座增加冷却水冷却。如图 4-74 所示。按照 API 标准，采用 OH2 泵型的支座是无需冷却水冷却的，但考虑到这是高温大尺寸泵，泵的运行温度高，泵支座热膨胀量大，泵运转中心和冷态中心相比，变化太大，泵的支座最好还是加上冷却水，把泵支座的运行温度控制在合适的范围内，减少泵垂直方向的热膨胀量。为了加强冷却效果，支座内还可以增加折流挡板等等。这一点是比较通行的，也是比较简单可行的办法。

⑤ 采用独立的轴承体支架支撑方式，可彻底消除壳体受热膨胀引起的轴不对中。

对于设计制造能力较强的公司来说，最好把高温大流量泵的采用的常规的泵体中心支撑结构，轴承悬挂在轴上的结构设计，改成独立的轴承座结构设计，这样可以彻底避免悬挂轴承在垂直方向泵支座的热膨胀量大对泵组对中的影响，也减少了维修的工作量。

因此，对于这类高温大流量泵来说，优秀的设计不仅要重视泵本身的相关技术，还要对轴承支撑方式、泵支座等非本体结构也要加以重视，把整台泵组作为一个完整的整体、作为一个系统加以考虑。

【案例8】 大直径单级泵设计应注意的问题

1 简介

抽余液塔回流泵是 60 万吨/年对二甲苯项目吸附分离装置的关键泵之一，单级单支撑，OH2 泵型，是单级泵中比较大的泵型，属于大直径单级泵，由大连苏尔寿生产，配套佳木斯电机股份有限公司生产的电机，电机功率为400kW。

2 设计参数

泵型号：ZF400-6560

额定流量：1439m³/h

进/出口压力：0.316MPa/1.024MPa

扬程：104m

转速：1490r/min

介质温度：179℃

电机功率：400kW

3 先期试车过程

装置在水联运期间，泵试运的介质为水，其密度比操作介质密度大，所以，泵的试运在小流量下进行，以不超过电机的额定电流为准，泵的振动值偏大，B点垂直方向的振动最高，超过11mm/s。泵进行过多次对中，没有任何效果，最初几次对中复查时，对中的数值变化了，显然是由于泵的进出、口管线较粗，管线存在较大应力。于是，调整泵进出口管线及支吊架，再试运，但还是没有效果，支吊架重新核算、调整后再次试运，泵的振动还是较大。

因为该泵较大，单级悬臂，悬臂长度较长，有可能引起泵的振动大，因此，在A点加支撑，试运情况是B点垂直方向的振动值变小了，但B点水平方向的振动值变大了，即由原来的垂直方向的11mm/s变为水平方向的11mm/s。不得已，还是去掉A处的支撑。泵组配置见图4-75。

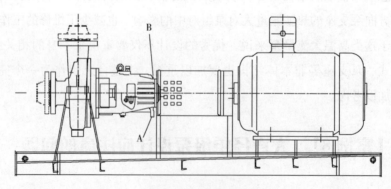

图 4-75 泵组配置图

4 问题排除

在当时没有便携式频谱测量仪器的情况下，振动大的定性原因较难判断。但泵的振动偏大，无外乎泵的安装质量、泵进出口管系、泵本身的制造质量、设计等几个方面的问题，逐一检查，逐一确认。

1）泵和电机的公用底座基础的灌浆

如果灌浆不好，导致底座与基础之间的接触不好，泵和电机的振动都会超标。装置所有泵采用二次灌浆，灌浆料采用的是业主方检查、确认、认可的无收缩专用灌浆料，用铁锤敲打钢底座、检查地脚螺栓等。

2）无应力配管

对于大直径管线如 $DN350$ 以上的，管线存在错位、偏差的情况下强行组对，管线会存在很大的内应力，对泵的管口产生较大的力和力矩，也会使泵产生比较大的振动。

对泵进出口管线的所有支吊架的选型、安装等进行了反复的检查、核实、管口应力也进行了反复的检查，一定做到确保泵是无应力配管。

3）泵本身的质量问题

如转子组件动不平衡，泵和电机不对中，滚动轴承的质量等都会使泵的振动大。泵的动平衡是按照 ISO G2.5 级做的，精度较高，查看泵的出厂试验是合格的，泵本身的质量良好。

5　再次试车

厂家重新派人到现场，并带上具有频谱分析功能的测振仪器。在厂家技术人员在场的情况下，再次进行试车，确认测得的振动最大值是在 6 倍频处。见图 4-76。

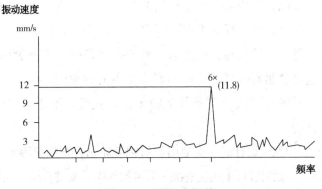

图 4-76　泵振动频谱

根据对上述的振动频谱分析，我们当时提出了两个方案：

方案一，是把电机的定值保护值提高 20%，即在该电机 1.20 倍额定电流下再试。

方案二，是工艺计算后把叶轮切削约 5%。

采用方案一进行试车时，泵的振动值就已经从 11mm/s 以上降到了 3.6mm/s 以下，采取的方案成功。

6 结语

1) 重视泵基础的设计

基础的重量至少应为泵和电机等机械重量总和的 5 倍以上，大功率的机泵一定要用专用灌浆料二次灌浆。

2) 合理选择泵进、出口管线的支吊架及支撑方式

转动设备进、出口大直径的管线尽量选择恒力弹簧支吊架，高温大直径管线则尽量采用中心支撑。

3) 设计时要保证泵叶轮出口与蜗壳隔舌的径向距离是否合适等

由于叶片和蜗壳是始终客观存在动、静相干作用的，直径越大，蜗壳内隔舌处的流体压力脉动也越明显，且叶片与隔舌处间隙最小，该区域的动、静作用也最为强烈。流量、叶片和导叶角度三者之间的不匹配是引起离心泵不稳定性运行的主要原因，这一点应引起设计人员十分重视。特别以叶轮与蜗壳交界面向上的隔舌处脉动最大。

根据 API 610 要求，单级功率超过 225kW(300hp) 的大直径蜗壳泵，设计时一定保证叶轮出口与蜗壳隔舌的径向距离至少大于最大叶轮叶尖半径的 6% 以上，以减小叶轮叶片通过频率振动和在减小流量下的高频振动。再次试车时，频谱仪测得的振动在 6 倍频处最高，从厂家也得知叶片的数量也正好是 6 片，当时就由此判断该泵应该是叶轮出口与蜗壳隔舌的径向距离小，发生了小流量高频振动的缘故。

因此，设计上，可以通过适当改变隔舌形状以及隔舌与叶轮出口间隙等办法来控制盒改善离心泵压力脉动情况；工程上，通过切削泵的叶轮外径改变隔舌间隙的大小，从而调节泵的运行工况；试车时，可以暂时采取提高电流的办法，其目的是就是为了避开小流量操作，这是采取的一种临时性措施，只是为了验证振动是否由该问题引起，试车的结果正好证明了这一点，这就说明当时泵产生振动高的最主要的原因。如果正常运行时，由于介质的密度比水要小，泵的流量大于该条件下的流量，就可以不用考虑今后泵的振动问题，泵试车结果就是合格的。

因此，对于大流量单级泵设计时一定要引起重视叶轮出口与蜗壳隔舌的径向距离，在设计上要预先采取适当措施，如果设计上无法解决，或者操作时需要进行较大幅度调节的泵，且叶轮直径在 500mm 以上的大流量泵，选择上述该泵型就不太合适，需要考虑更换泵型。

所以，对于泵的设计，一是结构上要合理，二是性能上要优化。

4) 熟练掌握利用先进的仪器设备，有助于问题的分析

本次在泵的试运过程中，正好使用了厂家带来的具有频谱分析功能的测振仪器，泵振动高的原因得以及时、准确地分析判断，便于问题的解决。因此，在工作中，一定要加强学习，不断学习，熟练掌握先进的仪器设备，便于分析问题，及时解决问题。

第5章　问题与改进

海南炼化 60 万吨/年对二甲苯项目的建成投产，并生产出合格对二甲苯产品，此举宣告了我国炼油技术的最后一个堡垒得以攻克。我国首套大型国产化芳烃技术获得成功，芳烃成套技术工业化的突破，打破了国外专利商在芳烃技术的长期垄断，突破了多项重大关键技术，填补了国内空白。

中国石化建设工程公司（SEI）作为牵头单位，联合中国石化石油化工科学研究院（RIPP）、中石化催化剂分公司、北京康吉森自动化设备技术有限责任公司和清华大学等单位的共同攻关，在吸附分离格栅的设计制造技术、吸附剂的各项技术、模拟移动控制技术、大型加热炉及管道热应力分析计算技术、大型设备的现场制造及热处理技术、大型板壳换热器的制造技术和低温热的设计与应用技术等技术的开发均取得了较大突破，结束了我国40 多年来芳烃装置设计工艺包长期依赖引进的局面，使我国的聚酯和化纤行业的最重要的基础化工原料——对二甲苯的供应得到了可靠的有力保障。超 10000m² 换热面积的大型板壳换热器等一些大型设备的首次国产化应用也为我国的一些设备制造厂带来了极大的市场机会，提供了前所未有的发展机遇，同时也为我国相关产业技术的国产化提供了可供借鉴的宝贵经验，对推进国内公司参与国际市场竞争具有里程碑式的深远意义和十分重要的战略意义。

而这些仅仅是起步，无论是在工艺技术方面，还是在建设施工方面、建设管理方面、投资方面、装置的运行优化方面、设备的选型、制造等等方面都还存在各种各样的问题和不足，有待更进一步的持续优化、完善、提高和创新。

下面仅仅对装置建成投产后的一些不完善的地方，存在的一些共性的、较为普遍的、暂时还没有修改的问题，作一下简要的归类、梳理，以期今后的项目建设更加完善、更加合理。

1　泵用机械密封的缓冲液罐泄漏介质放火炬

由于对二甲苯装置的工艺介质有毒有害，所以，装置所有机泵的机械密封均选用串联布置机械密封，内侧密封一旦泄漏，泄漏的介质和机械密封冲洗油（白油）就进入密封液缓冲罐，外侧密封阻止了介质进入大气，避免了有毒有害介质对大气造成污染，密封液缓冲罐去火炬线的阀门处于常开状态，如图 5-1 所示。

通常情况下，泄漏介质从密封液缓冲罐进入火炬系统，但由于工艺介质 C_8 芳烃没有挥发性，是不能通过介质的挥发去火炬管线的，那么，按照 API 682 标准设计的这条线就存在一定问题了。目前，整个装置就是按照这个标准设计的，那就得等条件具备时，根据具体的情况对这个方案做合理的修改设计，改为集中去位置较低的储液罐，然后进行回炼。在泵区管线设计时，要注意到储液罐有一定的倾斜度。如图 5-2 所示。

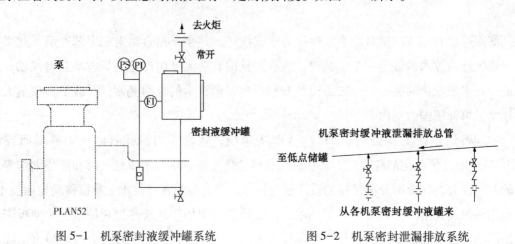

图 5-1　机泵密封液缓冲罐系统　　　　图 5-2　机泵密封泄漏排放系统

2　机泵密封冷却水系统

对于工艺装置的机泵来说，普遍使用的一般是机械密封的离心泵，机械密封的辅助系统如冷却器等对机械密封的使用寿命和运行稳定性来说是至关重要的，所以，对于泵用机械密封来说，一定要保证密封液冷却器的冷却效果，为机械密封的长周期、稳定运行创造一个良好的外部环境。

本项目采用除盐水作冷却介质，这对减缓冷却器的结垢是非常有好处的，但除盐水是用循环水来冷却的，除盐水的冷后温度必然又比循环水的冷后温度高，从这一方面讲，机泵密封冷却采用目前的除盐水方案降低了机泵密封冷却效果，对机械密封的运行不大有利，会缩短机械密封的使用寿命。所以，机泵密封采用除盐水冷却的利弊要加以综合考虑，是否采用低温冷却水对除盐水进行冷却，可以对其经济合理性进行对比分析。

3　磁力泵的选用

与普通使用机械密封的离心泵相比，磁力泵存在如下几个重大薄弱环节：

（1）怕抽空

因为磁力泵的轴承基本上采用的是 SiC 陶瓷类轴承，这类轴承的特点是泵一旦抽空，轴承立即毫无先兆地出现碎裂，甚至伴随着灾难性的结果。

（2）怕断流

磁力泵与同类普通使用机械密封的离心泵相比，其效率低 10~25 个百分点。这部分效率全部转换成了热量，即在隔套上的涡流损失，如果不及时带走这部分热量，温度升高，对磁缸的磁性会带来破坏性的影响，严重时完全消磁，磁力泵完全报废。

所以，首先，磁力泵启动后，要迅速打开泵出口阀，不能憋压时间过长，时间不宜超过2min；其次，出现出口憋压时，泵会在小流量下运行，电涡流产生的热量同样也无法及时带走，也会出现同样的情况。

（3）怕金属硬颗粒等杂质

一旦有金属硬颗粒等杂质进入泵体内，金属硬颗粒等杂质就有可能进入内磁缸与隔套的狭小缝隙内磁，磨穿磁力泵的关键技术隔离套，磁力泵失去应有的作用。

所以，磁力泵的选用要慎之又慎。

4　二甲苯塔筒体新材料的开发与使用

上海宝钢为2008年奥运会主会场——鸟巢钢结构开发了高强专用钢Q460，这对减少用钢，简化鸟巢的设计起到了重大作用。同样，二甲苯塔直径大、高度超过126m，厚度最大118mm，筒体板材强度的提高对二甲苯塔的钢材用量影响也是相当巨大的，超级碳钢和中石化工程建设公司（SEI）正在考虑的替代钢材都是可以选择的，以减少二甲苯塔的钢材使用量，降低设备制造成本；同时，由于筒体壁厚的减薄，也可大大减少现场的焊接工作量。

5　二甲苯塔高性能塔盘的开发

本项目的二甲苯塔盘首次采用国内设计和制造的塔盘，应该说是一种尝试，也算是一种突破。与国外的MD多降液塔盘相比，存在如下不足：

① 塔盘采用四溢流结构，格构化桁架梁支撑，结构复杂。MD塔盘设计紧凑，没有使用桁架梁结构，利用塔盘自身的结构支撑塔盘，90°塔盘旋转有利于液体的均匀分布；

② MD塔盘更低的鼓泡高度，无受液盘，较低的干压降，较低的降液管内液位；

③ MD塔盘采用单元式的结构设计，非常利于放大设计，结构简单，给制造上带来了极大便利。正是由于塔盘水力性能上的较大差异和结构上的不同，导致采用国外的MD多降液塔盘所需的筒体直径和高度都比我们小很多，钢材的用量也相应少了许多，塔底循环泵和塔顶回流泵功率小许多，投资减少不少，能耗明显降低。

正是由于上述几点，也使我们看到了技术上的巨大差距和不足。我们不能沾沾自喜，应知耻而后勇，一定要下大力气，加快水力性能优异的、结构设计合理的塔盘的研制工作，而不是一味靠增加塔盘的数量和塔体的高度来满足工艺分离精度的要求。

6　往复压缩机电机设计无底板

对于比较大型的机组或者往复压缩机来说，几台机器可能无法在一个整体台板上安装，只能独立安装，除主机或基准安装机器外，其余的机器一定要在设计中考虑带底板或者带垫块，便于今后检修中，万一需要调整时使用。设计时设计人员往往容易忽视这一点，本次往复压缩机电机设计遗漏了。

7 压缩机组的轴承油烟排放

一般来说，现在设计的离心压缩机基本上选用的是干气密封，为了保证干气密封的使用安全，干气密封都设计有隔离气，以确保干气密封与压缩机轴承完全隔离，防止轴承润滑油进入干气密封，对干气密封造成破坏。

这部分隔离气进入干气密封后，一部分与干气密封的二次密封的泄漏气进入火炬系统，另一部分则进入压缩机轴承箱。如果没有采取其他措施，进入轴承箱的气体就会从呼吸孔排入到压缩机厂房的大气中，同时必然夹带部分油烟，日积月累，给整个压缩机厂房造成脏乱差。所以，为了给压缩机厂房创造一个干净、整洁的良好环境，一定要重视压缩机组轴承油烟带来的问题。

润滑油箱上面装排风机，虽然简单有效，但是单纯的排风装置并不可取，如果仅仅把大量油雾从室内移至室外，这是一种对环境极端不负责任的行为，是不可取的。正确的做法是在润滑油箱上面安装油雾清洁器，那么进入轴承箱的隔离气就不会从呼吸孔进入大气，会进入油雾清洁器，含油雾气体可以得到净化处理或回收后再排出。如图5-3所示。

图 5-3　油雾清洁器内部冷却元件

8 全焊接板式湿空冷

全焊接板式湿空冷的确是一种高效、结构紧凑、占地面积小的换热设备，有着普通管式空冷无法比拟的优势，但全焊接板式湿空冷用在汽轮机凝气系统上，有几个问题急需尚待完善解决的问题：

1）不凝气的抽出位置不合适

不凝气在空冷器下方抽出，易导致不凝气返混，直接降低了传热效果，结构设计明显不合理，再好的冷却效果都是白搭，这是本项目发电机组板式湿空冷效果不太理想的最为根本的原因，这一点是迫切需要加以改进的。

2）风机的引风机运行环境恶劣

风机的引风机长期处于湿度大的高温环境下运行，电机寿命受到影响。一旦电机需要检修，检修将十分困难；而且，只要电机开始检修，效果就会一次比一次差，检修的频次会大幅增加。

3）板片间污垢难清理

全焊接板式湿空冷采用除盐水增湿加强冷却效果，但全焊接板式湿空冷长期在暴露的环境中运行，时间一长，湿空冷空气侧板片间必然会积累一些污垢，直接影响冷却效果。而且会越积越多，换热效果会逐步下降，板片空气侧不封闭，流道不规则，其污垢非常不便清洗，因此，如何清洗板片间的污垢也是今后需要考虑的一个问题。

9　双管板蒸汽发生器

项目一共有 6 台双管板蒸汽发生器，都为固定管板式的结构，不能抽芯，所以，要对今后管束的清洗、更换早作准备、早作打算。建议今后设计双管板蒸汽发生器时采用可抽芯结构，便于管束的清洗和更换。

10　加热炉 F-801 的温度场的优化

加热炉 F-801 的辐射室炉膛顶部的炉管拉钩、吊钩和管架等采用材料为 ZG40Cr25Ni20Si 的耐高温合金钢，这些部位明显处于局部的过热状态，温度场分布不是太理想，会直接导致炉管的寿命缩短，需要进一步的加以分析和研究，进一步优化设计。

11　采样器盘管腐蚀穿孔

项目运行才半年多，高温部位的密闭采样冷却器大多腐蚀严重，20 多台冷却器盘管都发生不同程度的腐蚀，有穿孔、裂纹等，有的腐蚀程度相当严重，盘管材质为 316 的 20 多台冷却器盘管予以更换。腐蚀情况如图 5-4 所示。

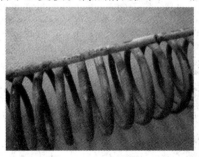

图 5-4　采样冷却器腐蚀情况

原因如下：采样样品均为 C_8 芳烃类介质，这类介质对 316 盘管是没有腐蚀性的，循环冷却水中 Cl^- 的浓度为 11ppm，Cl^- 的浓度也不会产生腐蚀。从发生腐蚀的冷却器盘管来看，都有一个共同的特点，样品的温度高，盘管外结垢严重。样品温度高的原因是单盘管结构，冷却面积不够，冷却水进出设计不合理，有的冷却水上进下出，甚至上进上出。因此，腐蚀的原因不是循环水中的 Cl^- 产生的应力腐蚀，而是温度高结垢形成垢下腐蚀。

解决措施如下：

① 单圈冷却盘管改成两圈甚至多圈冷却盘管，冷却筒体内加隔离筒。一是冷却器大小基本不变、二是冷却水冷却时间延长，改善冷却效果。如图 5-5 所示，图 5-5（a）是修改前的方案，图 5-5（b）是拟改进的方案。

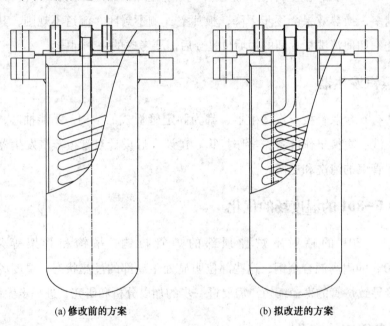

(a) 修改前的方案   (b) 拟改进的方案

图 5-5　采样冷却器改进方案

② 采样管加 2mm 的限流孔板。目前，采样管的管径是 1/4″，有的介质温度太高，还是冷却不下来，增加 2mm 的限流孔板，减少换热量。

③ 冷却水全部改为低进高出。

12　卡琳娜技术热水发电冷却器布置

卡琳娜技术热水发电的氨气轮机位于地面，基础标高 2.8m，出口朝下，排出的仍然是过热的贫氨气体，气体先向下然后向上进入冷凝器进行冷却。冷凝器采用的垫片板壳式冷凝器的结构，四个冷凝器串联重叠在一起，然后两组冷凝器再并联，入口标高位于 16m 以上，冷凝器冷却后的饱和氨水混合物自流回到热井罐中。由于工况变化或者在氨气轮机开停车时等多种原因，很难保证氨气轮机排出的贫氨气体仍然是过热气体，因此，氨气轮机出口和冷凝器之间必然会积存一些凝液，需要加以考虑。

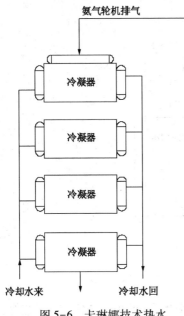

图 5-6 卡琳娜技术热水
发电冷凝器布置

解决方案：今后在系统进行设计时，冷凝器最好采取全部地面并联的方式，如图 5-6 所示。降低冷凝器标高，再适当抬高氨气轮机基础的标高，就很好地解决氨气轮机出口到冷凝器之间的管线的积液问题，布置也更合理，不然，就需要考虑增加凝液泵及其系统，投资也会相应增加。

13　正确选用转动设备进、出口管线支吊架

正确选用转动设备进、出口管线支吊架，调整和改善管系的应力分布状态，使管系适应变形的需要和管系端点推力在使用范围内是十分重要的。同时，还可选择某种类型支架来限制管系在某个方向的位移，从而减少设备管嘴的应力以保护设备，尤其是那些转动设备，如压缩机、汽轮机和机泵的管嘴等。

在设计时，往往重视对大型机组的支吊架的设计，对机泵的支吊架的设计等不够重视。但随着装置的大型化，很多机泵，特别是大口径、高温泵的振动问题越来越突出。因此，对于这类泵的管系，最好选用恒力弹簧支吊架。

14　两级板式湿空冷器冷却方案的选择

由于工艺介质的温度较高，直接采用湿空冷会导致冷却水结垢，所以，对于温度较高（>100℃）的介质如异构化产物，本项目设计采用组合式的两级冷却的方案，每组两级板式空冷采用三片式冷却器的组合结构，如图 5-7 所示。

热工艺介质先经过中间的干式板式空冷器初步冷却后，然后进入两侧的湿式板式空冷器，再进行进一步的冷却。冷空气则经过两侧的湿式板式空冷器，然后进入中间的干式板式空冷器，由位于干式板式空冷器上方的引风机抽走。喷淋水对每组空冷器两侧的湿空冷进行喷淋冷却后汇聚于中间的干式板式空冷器下面的水箱，然后重新进入水泵，实现连续循环运行。

这样的组合冷却方案的选择有如下弊端：

① 空冷风机为引风式，电机的环境比较恶劣，影响电机使用寿命，检修困难。

② 新空气先被两侧的湿式板式空冷器加热后，再次进入中间的干式板式空冷器，空气的温度已升高，降低二级空冷的效果。

③ 每组完全独立，不利于热工艺介质的均匀分配。

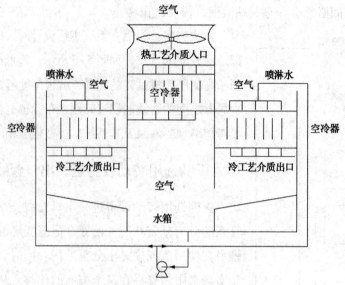

图 5-7　两级板式空冷器冷却

针对上述问题，建议修改如下：

① 拆分现在的三片一组的组合方案，改为完全独立的两级串联冷却的方案。热工艺介质全部先进入干式空冷器，冷却后，工艺介质再进入湿式板式空冷器，冷却到设计温度；

② 把目前的引风式改为鼓风式，改善电机的工作环境；

③ 把每台空冷器的单独供水改为集中供水，减少泵的数量，减少今后的维护工作量。

15　机组主、备用设备切换换向阀选择

一般来说，大型机组都是装置的核心设备，一旦故障停机，会给生产装置带来巨大影响，造成极大的经济损失；因此，大型机组润滑油系统中的很多输送设备如油冷器、润滑油过滤器等一般都设置一开一备，便于切换使用。传统设计为多阀控制系统，依靠通过操作单独的一台台阀门的开启和关闭，到达主、备设备之间切换使用的目的，满足整个动力系统不间断运行的要求，提高系统的安全性。

本项目所使用的切换阀为六通换向阀，均是上述结构，如图 5-8 所示，这也是目前国内大多数机组采用的结构型式，阀室由隔板分成两腔，每腔都有 3 个通道，中间为进油口，两端为出油口。主要由阀体 3、密封组件 5、凸轮 6、阀杆 4、手柄 1 和阀盖 2 等零部件组成。

阀门由手柄驱动，通过手柄带动阀杆与凸轮旋转，凸轮具有定位驱动与锁定密封组件的开启与关闭功能。手柄逆时针旋转，两组密封组件分别在凸轮的作用下关闭下端的两个通道，上端的两个通道分别与管道装置的进口相通。反之，上端的两个通道关闭，下端两个通道与管道装置的进口相通，实现了不停车换向。

但该结构型式的六通换向阀的部件太多，结构极其复杂，安装调整复杂，频繁操作容易损坏，密封结构不合理，是一种非常不可靠的结构设计。

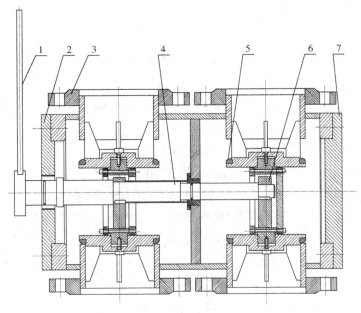

图 5-8 六通换向阀

建议：改成双联三通阀结构设计，如图 5-9 所示。三通阀阀芯可以设计成套筒型、球型等结构型式，其结构非常简单，易损件少，不易损坏，密封性好，使用非常可靠。

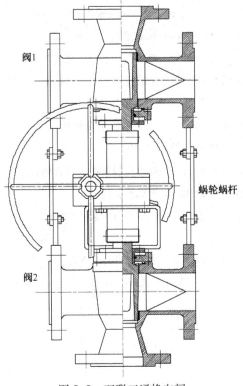

图 5-9 双联三通换向阀

参 考 文 献

1 中国石化工程建设公司．中国石化海南炼油化工有限公司 60 万吨/年对二甲苯项目基础工程设计，2010

2 中国石化集团洛阳工程公司．中国石化海南炼油化工有限公司 60 万吨/年对二甲苯项目基础工程设计，2010

3 高金吉．机器故障诊治与自愈化．北京：高等教育出版社，2012

4 沈达．汽轮机轴向位移异常的原因分析与消除．热力发电，2003(11)：70~72

5 北京康吉森自动化设备技术有限责任公司．iMEC 机组智能诊控一体化系统，2012

6 周辉．iMEC 系统及其在转子热弯曲故障诊断中的应用．振动与冲击，2014

7 周辉，孙岳军等．iMEC 机组控制技术及其应用．振动与冲击，2014

8 API 617：2002，Axial and compressos and expander compressors for petrolem，chemical，and gas industry services

9 API 614:1999，Lubrication，shaft sealing，and control oil sysems

10 API 671:2007，Special purpose couplings for petroleum，chemical，and gas industry services

11 API 612:2002，Special purpose steam turbines for petrolem，chemical，and gas industry services

12 API 618:2007，Reciprocating compressors for petrolem，chemical，and gas industry services

13 API 610:1995，Centrifugal pumps for petrolem，chemical，and gas industry services

14 API 682:2004，Shaft sealing systems for centrifugal and rotary pumps

15 张丽娜等．应用遗传算法优化设计板翅式换热器．航空学报，2004(8)

16 王江峰等．卡琳娜循环在中低温余热利用中的应用．中国科技论文在线

17 杭州汽轮机股份有限公司．LNK80/80 凝汽透平使用说明书

18 杭州汽轮机股份有限公司．NK40/37/20 凝汽透平使用说明书

19 沈阳鼓风机(集团)有限公司．BCL905 离心压缩机使用说明书

20 李葆文等．全面规范化生产维护丛书——规范化的设备前期管理．北京：机械工业出版社，2005

21 王晓升等．转子热弯曲的分析与诊断．化工机械，1997

22 余良俭，张延丰等．国产超大型板壳式换热器在石化装置中的应用．石油化工设备，2010(9)

23 Hydrocom 用户培训文件

24 上海盛合新能源科技有限公司．热水发电工艺设计包，2012

25 DIPIPPO R. Second Law assessment of binary plants generating power from low-temperature geothermal fluids 2004，33(5)

后　记

从完稿到现在，海南炼化首套大型国产化对二甲苯装置运行良好，装置经过了整整一年的商业化运行，经受了考验，取得了良好的经济效益。

海南炼化60万吨对二甲苯项目是在中国石化及下属的石科院、海南炼化和其他相关单位、高校等多方的共同努力下，针对催化剂、工艺技术和关键设备等做了卓有成效的研究和开发，对二甲苯生产的核心技术——吸附分离技术的成功开发以及在海南炼化的工业应用，意味着对二甲苯生产的全套工艺技术已经完全实现了国产化，工艺技术和装置经济效益达到了世界先进水平。

对二甲苯现状

对二甲苯(PX)是生产化学纤维的主要化工原料，其产业链上游目前主要来源于石油，下游99%以上用于生产精对苯二甲酸(PTA)，再到生产聚酯(PET)。2013年我国对二甲苯的消费总量1641万吨，净进口879万吨，对外依存度达47%。预计到2015年，我国可投产对二甲苯产能约285万吨/年，到2020年还需新增对二甲苯产能1200万吨/年，目前国内产能严重不足。其原因一是传统石化产业更关注成品油和乙烯的生产，对芳烃利用重视不够；二是此前下游产业尚未产生如此之大的需求。此外，近年来厦门、福州、大连、宁波、茂名、咸阳等多起抵制对二甲苯的群体事件在较大程度上制约了对二甲苯的正常发展。

煤制芳烃技术获得突破

传统芳烃由石油路线制得，近年来石油资源紧张造成了芳烃中苯(B)、甲苯(T)、二甲苯(X)的价格居高不下。利用煤资源弥补石油资源的不足来生产基础化学品，是近年来煤化工发展迅速的主要因素之一。其中，煤制芳烃技术是最近几年才受世人关注的新技术，是煤化工的研究与开发的热点之一。煤制芳烃就是一条被认为有前景的工艺路线，增值空间巨大，一旦技术取得突破，将改变中国石化工业的原料结构。因此，我们一定要抓住机遇，利用、掌握和不断开发各种先进的技术，使芳烃原料的来源多元化，成本更低，产品更具竞争力。

要有危机感

尽管首套国产化对二甲苯项目的项目建设、装置开工大功告成，吸附塔格栅、吸附分离吸附剂、模拟移动床控制系统MCS的开发等诸多方面取得了较为重大的突破，有一定的成效，但我们不能盲目乐观，至多我们仅仅是跟踪学步，填补空白，应该清醒地看到我们无论是在工艺方案设计、设备制造水平、施工管理能力等方面，与国外相比，仍然存在着较大的差距，二甲苯塔塔盘的首次国产化的设计和制造仅仅是实现了从无到有，无论是结构还是性能，与国外还存在相当大的差距，关键设备如吸附分离的程控阀、二甲苯塔底循环泵，吸附塔循环泵等关键机泵、透平流量计等众多仪表仪器、拉曼光谱等性能优异的在线分析仪等，在今后很长一段时间，仍然需要长期依赖从国外进口，低温热回收的核心设备-氨气轮机的研究与开发完全还是空白，等等，整个项目仅能耗指标低成为了唯一的亮点。

跨领域合作

SMB 模拟移动床分离技术是一种先进的分离技术，是 20 世纪 60 年代发展起来的，主要用于石油化工产品的分离，1969 年，美国 UOP 公司首先应用于对二甲苯和其他同分异构体的分离，此后，这一技术在石油化工领域得到广泛应用和推广。1993 年，法国 Seperex 公司将 SMB 分离技术用于药物和精细化工等领域，由于其系统配置及操作参数的确定较为复杂，还有关键技术多通道旋转阀的制造难度大，这一技术长期为国外专利 Siemens 等所垄断，售价极高，限制了 SMB 模拟移动床分离技术在我国食品、精细化工、生物发酵和医药等其他领域和行业的推广利用。随着生命科学、生物技术和医药技术的快速发展，各种高附加值的活性成分需要研究开发，越来越多的单体成份及手性药物如低聚木糖、甜叶菊甙、肝素钠等需要分离，而且，我国还是上述单体成分的需求大国和出口大国，采用一般的工业制色谱等分离方法，质耗高、能耗高、制备效率低、运行成本高，因此，尽快开发我国在生命科学、生物技术和医药技术等其他领域的自主知识产权的 SMB 装置及这一先进技术装备的应用与工业放大是极有意义的。我们可以借自主开发的模拟移动床吸附分离技术在海南炼化 60 万吨/年对二甲苯项目大型炼化装置上成功应用的东风，打破行业之间的技术壁垒，通力合作，尽快研制开发出适合于生物医药等其他领域的模拟移动床分离技术，让这一技术在其他行业得到及早应用和推广，已迫在眉睫。

行业和专业之间的技术壁垒，会造成在某项专业技术由某单位独立承担，在一些关节点上始终难以突破的局面，打破这种划地为牢，眼睛仅盯在小团体的利益上打转的单位之间的限制，实现跨领域、跨行业的合作，可以从根本上改变我国一直以来长期形成那得单打独斗的现状。攥指成拳，实现信息共享，联合作战，才智真正糅在一起，联合作战，促进我国抓好顶层设计，总体规划，建立以人才为核心、以任务为牵引的科研模式，实现人才资源的优化组合和信息设备的共享。这是一项系统复杂，涉及面广的浩大工程，从而实现我国从观念、管理和技术上的单个原始创新向整个国家项目上的集成创新转变。

展望

行文至此，项目虽然告一段落，站得高，才能看得远，正视现实，了解、懂得、找出我们存在的不足。狂妄自大，动辄遥遥领先，会贻笑大方，会贻误时机，会使我们裹足不前。改进、提高和不断创新的脚步一刻也不能停止，尽管国外的这一技术已经非常成熟，但我们具有后发优势，可以使我们少走一些弯路，节省一些研制时间，当然，想在短期内实现超越国外，还不太现实。如果我们以此为契机，抓住机遇，不断做大市场份额，加快设备制造的产业布局和优化，卧薪尝胆，奋力追赶，发奋图强，快马加鞭，始终保持目前的发展势头，迎头赶上。唯有如此，才能缩小与国外在技术上的差距，逐步走出国门，达到与国外比翼、同台竞技、对等合作的历史性跨越，实现全面的突破。相信再用 20 年左右的时间，最终实现我们梦寐以求的世界领先水平，真正实现中国石化不仅是创一流的能源化工公司，甚至成为跨行业、多领域的综合性国际大公司。

中国石化出版社设备类图书目录

书　名	定价	书　名	定价
石油化工设备维护检修规程		**炼油工业技术知识丛书**	
第一册—通用设备	100	—炼油厂动设备	35
第二册—炼油设备	185	—炼油厂静设备	35
第三册—化工设备	95	—电气设备	25
第四册—化纤设备	300	**石油化工设施风险管理丛书**	
第五册—化肥设备	110	—设备风险检测技术实施指南	25
第六册—电气设备	88	—石化装置定量风险评估指南	20
第七册—仪表	100	—HAZOP 分析指南	15
第八册—电站设备	90	—风险管理导论	20
第九册—供排水设备 空分设备	40	石油化工设备维护检修技术(2011 版)	85
石油化工厂设备检修手册		石油化工设备维护检修技术(2012 版)	88
—基础数据(第二版)	120	石油化工设备维护检修技术(2013~2014 版)	128
—焊接(第二版)	80	石油化工设备维护检修技术(2015 版)	88
—土建工程(第二版)	23	石油化工厂设备检查指南(第二版)	98
—防腐蚀工程	50	石油化工厂设备常见故障处理手册(第二版)	48
—泵(第二版)	58	含缺陷承压设备安全分析技术	45
—压缩机组	100	渗铝共渗技术及钢材防腐蚀	68
—加热炉	38	炼油化工设备腐蚀与防护实例(第二版)	85
—换热器	50	催化裂化装置设备维护检修案例	70
—容器	158	石油化工企业生产装置设备动力事故及故障案例分析	98
—工艺管道	158	炼化装置设备前期技术管理与实践	30
—吊装工程	35	机械设备故障诊断实用技术	48
工业过程与设备丛书		**机械设备故障诊断实用技术丛书**	
—分离过程与设备	50	—机械振动基础	30
—传热过程与设备	48	—信号处理基础	30
—设备检修与维护	48	—旋转机械故障诊断实用技术	40
—反应过程与设备	48	—往复机械故障诊断及管道减振实用技术	40
—输送过程与设备	48	—滑动轴承故障诊断实用技术	30
—燃烧过程与设备	50	—滚动轴承故障诊断实用技术	32
石油化工设备设计手册(上下册)	498	—齿轮故障诊断实用技术	30
现代塔器技术(第二版)	190	—转子动平衡实用技术	48
管式加热炉(第二版)	100	—电动机故障诊断实用技术	32
炼油设备工程师手册(第二版)	180	石化装备流体密封技术	38
换热器(第二版)(上下册)	398	机械密封技术及应用	60
空气冷却器	118	焊接残余应力的产生与消除(第二版)	38
管壳式换热器	68	压力容器安全评定技术基础	25
换热器技术及进展	48	压力容器目视检测技术基础	15
冷换设备工艺计算手册(第二版)	60	压力容器焊后热处理技术	22
工业汽轮机技术	98	自行式起重机吊装实用手册	30
工业锅炉技术	68	设备检修安全	60
石油化工设备设计便查手册(第二版)	70	机泵维修钳工	68
石油化工常用国内外金属材料手册	160	热电联产锅炉机组设备及经济运行	55
石油炼厂设备	80	化工设备与建(构)筑物隔震技术开发和应用	49
炼油设备基础知识(第二版)	36	含油污水处理与设备	24
压力容器工程师设计指南	128	中国石化设备管理制度汇编—炼化销售分册	40
压力容器设计实用手册	268	中国石化设备管理制度汇编—油田分册	55
压力容器焊接实用手册	178	石油化工设备技术问答丛书(已出 20 余种)	
实用压力容器知识	25	【美】泵手册(第三版)	198
锅炉压力容器安全技术及应用	38	【美】压缩机手册	85
石化行业压力容器安全操作培训读本	32	【美】工厂工程师手册	188
设备管理新技术应用丛书		【英】管道风险管理手册(第二版)	60
—基于风险的检验(RBI)实施手册	15	【美】化工过程设备手册	65
—石化装置风险管理技术与应用	28	【美】换热器设计手册	158
—全面规范化生产维护(TnPM)技术与应用	28	【美】配管数据手册	125
—企业设备综合管理	68	【美】阀门手册(第二版)	55
		【美】压力容器设计手册(第三版)	100
		【美】无损检测与评价手册	78
		【美】管道手册(第七版)	280
		【美】冲击与振动手册(第五版)	198